中蜂
养殖实用技术

ZHONGFENG YANGZHI SHIYONG JISHU

梁 勤 编著

中国科学技术出版社

·北 京·

图书在版编目（CIP）数据

中蜂养殖实用技术 / 梁勤编著 . —北京：
中国科学技术出版社，2017.8（2018.12 重印）
ISBN 978-7-5046-7629-0

I. ①中… II. ①梁… III. ①中华蜜蜂—蜜蜂饲养
IV. ① S894.1

中国版本图书馆 CIP 数据核字（2017）第 189905 号

策划编辑	王绍昱
责任编辑	王绍昱
装帧设计	中文天地
责任校对	焦　宁
责任印制	徐　飞

出　　版	中国科学技术出版社
发　　行	中国科学技术出版社发行部
地　　址	北京市海淀区中关村南大街16号
邮　　编	100081
发行电话	010-62173865
传　　真	010-62173081
网　　址	http://www.cspbooks.com.cn

开　　本	889mm×1194mm　1/32
字　　数	105千字
印　　张	5.5
版　　次	2017年8月第1版
印　　次	2018年12月第2次印刷
印　　刷	北京长宁印刷有限公司
书　　号	ISBN 978-7-5046-7629-0 / S·670
定　　价	22.00元

C*ontents* 目 录

绪　论

一、蜜蜂的起源与分类

蜜蜂是地球上一种与恐龙同时期的生物，根据已发现的化石分析，在地球的 1 亿多年前，就有了古蜜蜂。在我国的山东莱阳县，出土了距今 1.35 亿年的华北古陆北泊子古蜜蜂化石。据此，有些学者认为，我国华北古陆是全世界蜜蜂的起源地。

在分类学上，蜜蜂属节肢动物门、昆虫纲、膜翅目、蜜蜂总科、蜜蜂科、蜜蜂亚科、蜜蜂属，属内目前已确认 9 个种。即：西方蜜蜂、东方蜜蜂、大蜜蜂、黑大蜜蜂、小蜜蜂、黑小蜜蜂、沙巴蜂、绿努蜂、苏拉威西蜂。目前在我国分布上述的前 6 种蜜蜂，人工饲养的仅西方蜜蜂和东方蜜蜂 2 个种。

东方蜜蜂分布于亚洲，种内又分为中华蜜蜂、印度蜜蜂、日本蜜蜂 3 个亚种。中蜂则是中华蜜蜂的简称，其体形大、群势相对强，生产性能好是三个亚种中最好的。由于我国地理环境类型的多样性，中蜂在我国经长期的进化又分为：北方中蜂、华南中蜂、华中中蜂、云

贵高原中蜂、长白山中蜂、海南中蜂、阿坝中蜂、滇南中蜂、西藏中蜂9个类型（地方品种）。

北方中蜂　主要分布于山东、山西、河北、河南、陕西、宁夏、甘肃、北京、天津等地。

华南中蜂　主要分布于广东、广西、福建、浙江、台湾等地。

华中中蜂　主要分布于湖南、湖北、江西、安徽、浙江、江苏等地。

云贵高原中蜂　主要分布于贵州西部、云南东部、四川西南部三省交会的高海拔地区。

长白山中蜂　主要分布在吉林长白山与辽宁东部地区。

海南中蜂　分布在海南岛。

阿坝中蜂　主要分布在四川的阿坝州和甘孜州。

滇南中蜂　分布在云南南部。

西藏中蜂　主要分布在西藏东南部、云南西北部。

我国新疆未见中蜂分布。

二、我国中蜂饲养的历史和现状

我国利用及饲养蜜蜂的历史悠久，早在商朝的甲骨文中就出现了"蜂""蜜"等字；东周时期的《黄帝内经》记载了利用蜜蜂蜂螫治病的内容；2 300年前的《礼记·内则》中就有用蜂蜜调制枣、栗制作蜜饯，并将蜜蜂幼虫、蜂蛹作为朝廷贡品的记载；《楚辞·招魂》中记载了利用蜂蜜加工食品及酿酒的方法；西汉时期就开始

利用蜂蜡制作蜡炬，并出现了蜡染技术；明代大医学家李时珍在《本草纲目》中更是对蜂蜜、蜂毒、蜂蜡、花粉、蜜蜂幼虫的营养和医疗价值做了详细的记载。

魏晋时郭璞在《蜜蜂赋》中记录了蜜蜂的饲喂、筑巢、分蜂等生物学行为；东汉时期我们的祖先就开始驯养蜜蜂，晋代皇甫谧所著《高士传》中记载了汉代养蜂先驱姜岐饲养、教授养蜂的业绩，所以我国民间将姜岐奉为我国养蜂业的祖师。到了明朝，刘基在《郁离子》一书中则详细描述了蜂桶的制作、蜂场的择址、蜂群的四季管理、蜂群繁殖、蜂群合并、取蜜方法和病虫害防治等整套养蜂技术和经验做了全面的描述。

从东汉时期至 19 世纪末，我国历史上只有中蜂的存在，驯养和饲养的全部都是中蜂，所以我国悠久的养蜂历史是由饲养中蜂构成的。

目前我国饲养的蜜蜂主要为西方蜜蜂及中华蜜蜂。我国现有蜂群数为 800 余万群，其中中蜂约有 250 余万群，中蜂分布于我国除新疆以外的热带、亚热带和温带地区的各省、直辖市、自治区，主要分布在长江流域和华南各省的山区、半山区、林区。在这 250 万群中蜂中多数为活框饲养，但许多山区仍保留延续了数百年的传统蜂桶养殖模式，有极大的发展潜力。

三、中蜂的特点及发展潜力

在长期的生产实践中，人们对中蜂的认识并不是一

致的。在未引进西方蜜蜂前，我们的先辈对中蜂的经济价值就做了肯定，但由于一直以来局限于传统的传统饲养方式，中蜂的生产力未得到充分的发挥。

20世纪20年代，我国引进了西方蜜蜂，采用了活框饲养技术，并配套了现代化的蜂具，而且西方蜜蜂体大、群强、性情较温驯、产量较高，同时能生产蜂蜜、蜂王浆、花粉、蜂胶，经济效益较高。自此，西方蜜蜂在我国进入大发展，而中蜂应有的价值被逐渐忽视了。

随着西方蜜蜂饲养技术及现代蜂具在中蜂饲养管理上的应用，特别是对中蜂的生物学特性、饲养管理技术、蜂具的研究逐渐深入，中蜂的生产能力得到了充分的发挥。大量生产实践证明，中蜂是我国特有的优良蜂种，在我国广大地区历经千百万年的生活，比西方蜜蜂更适应在山区和半山区的饲养，是西方蜜蜂无法取代的。

（一）中蜂的优点

1. 灵活、抗逆性强　我国南方广大的山林地区，山高林密，蜜源植物分布广但不集中，中蜂嗅觉较西方蜜蜂灵敏，飞行迅速、敏捷，能够采集西方蜜蜂无法采集的分散蜜源；每当夏季来临，山区蜜粉源稀少时，西方蜜蜂无法在山区越夏，而中蜂则应付自如；山区胡蜂猖獗，西方蜜蜂由于个体大、飞行迟缓，被胡蜂捕食严重，而中蜂依靠其敏捷的飞行，能避过胡蜂的危害；冬季，中蜂的个体耐寒性强于西方蜜蜂，西方蜜蜂的安全飞行的临界温度为13℃，而中蜂在9℃左右就可出巢采集，

特别在南方山区的冬季和早春，有些优质的蜜源植物在这个低温季节开花泌蜜，就只能由中蜂采集。例如，南方山区常见的柃属植物，其花期在 12 月份至翌年 2 月份，花期长、蜜质优，西方蜜蜂就无法利用，只有中蜂能够采集，生产的柃蜜（野桂花蜜）色泽清亮，结晶雪白细腻，气味芬芳，味道清甜，价格高，被誉为"蜜中之王"。

2. 投入小、管理方便　中蜂较勤劳，早出晚归，其育虫节律灵活，能根据蜜粉源的变化，因此，中蜂饲料消耗少，一般情况下无须喂糖。由于中蜂产品少，管理技术较西方蜜蜂简单，容易掌握，十分便于山区作为专业饲养或家庭副业。一般山区定地饲养中蜂，可年产蜂蜜 20 千克；若小转地饲养，每群蜂年产蜂蜜 50 千克是不鲜见的。

3. 抗病、抗螨性强　西方蜜蜂的螨害严重，稍不注意，蜂群损失严重。中蜂因自身清理能力强，有螨不成害。中蜂总体上病虫害的种类较西方蜜蜂少得多，主要的病虫害仅"两病一虫"，控制好几个关键技术要点，不难解决中蜂群病虫害的问题。

4. 适合定地饲养　西方蜜蜂因其对蜜粉源的要求高，在我国不适合定地饲养，饲养西方蜜蜂需常年在外，"追花夺蜜"。我国广大山区，山高林密，蜜源丰富，许多地方的蜜粉资源未得到利用，当地群众也有养中蜂的习惯，但由于多是传统的桶养，管理不便，蜂群飞逃、巢虫危害等问题普遍难以控制，户均饲养量很少超过 20 桶，且蜂蜜产量低，桶均产量低于 5 千克，质量也差，

没有发挥中蜂的生产能力，若采用科学的管理，效益将会有数倍的增长。

5. 产品安全性高　由于中蜂病害少，基本不用药，且采集的蜜源多为山区野生植物，所以蜂蜜中的药物残留低。近年来随着消费者对食品安全性的要求越来越高，中蜂蜜以其安全性的优势，售价较西方蜜蜂蜂蜜高数倍乃至十倍，饲养效益高。

6. 蜂蜜品质好　中蜂所产蜂蜜较西方蜜蜂所采蜂蜜颜色浅，味道清香；蜂蜡颜色洁白，所以其生产的巢蜜商品性好于西方蜜蜂。

（二）中蜂的缺点

（1）分蜂性强，易飞逃，较难维持较大的群势，单群产量低于西方蜜蜂。

（2）好咬旧脾，清巢性弱，易滋生巢虫。

（3）性情暴躁，盗性强。

（4）产卵少，易失王。

（5）产品单一，仅能生产蜂蜜和少量蜂蜡，不能生产蜂王浆、蜂花粉、蜂胶等。

（6）易感中蜂囊状幼虫病，抗巢虫能力差。

换个角度看问题，中蜂的某些缺点恰恰又是其特性决定的，缺点可能恰恰又是其优点。这些缺点在正确的管理下，是可以减轻或避免的。例如：分蜂性强，一方面可以采用人工分群、换新王的方法解决，另一方面又有利于快速增加蜂群数；盗性强，是由于其嗅觉灵敏造

成的，只要合理地摆放蜂群，采用牢固、严实的蜂箱，保持群内充足的蜜粉，减少不必要的开箱，就可以得到防范；好咬旧脾、清巢性弱，易滋生巢虫，可采取勤造新脾、常人工打扫的办法予以克服；易失王，只要及时发现、及时处理，就能避免损失。

　　只要养蜂者勤于学习，善于在饲养管理过程中不断总结经验，提高自己的饲养管理水平，养好中蜂不是一件难事。

第一章
中蜂的基本生物学知识

一、蜂群的组成结构与行为

（一）蜂群的组成

蜜蜂是一种以群体为单位生活的社会性昆虫。蜂群是蜜蜂生活的基本单位，在蜂群内部蜜蜂分为蜂王、工蜂、雄蜂三个级型，有着严格的分工，各司其职又相互协调。蜂群中任何一型蜜蜂或任何一只蜜蜂，离开蜂群都将无法长期生存。

在自然界蜜粉源丰富的繁殖季节，蜂群一般由一只蜂王、几百上千只雄蜂、数千至数万只工蜂组成。当外界蜜粉源枯竭，或在高温、严寒的季节，蜂群中只有蜂王和工蜂，且工蜂数量少，蜂群群势小。

1. 蜂王　蜂王是蜂群品种性状的表达者，不仅决定着蜂群的生产性能，还直接影响着蜂群的抗逆性、温驯性、分蜂性等一切与品种有关的性状，是蜂群中生殖器官发育成熟的唯一的雌性蜂。体重 200 毫克，约为工

蜂的 2 倍，在蜂群中的作用主要是产卵，每昼夜可产卵 700～1 000 粒左右。在正常情况下，蜂王是蜂群中唯一具有产卵能力的个体。蜂王的产卵能力决定了蜂群群势的变化，蜂王产卵力强，蜂群中工蜂数量就多，群势就大。蜂王能根据外界自然环境的变化有选择的产受精卵或未受精卵，受精卵发育成蜂王或工蜂，未受精卵发育成雄蜂。

蜂王还可通过上颚腺释放体外激素（蜂王物质），维持蜂群的稳定和调节蜂群的工作，如果蜂群失王，蜂群则停止发展，工蜂慌乱，蜂群正常生活失调，甚至少数工蜂卵巢发育而产卵（是一种蜂群的病态），蜂群将走向灭亡。

蜂王是由蜂群中的受精卵发育而成的，在整个生长发育期全部食用工蜂分泌的蜂王浆。刚羽化的蜂王称为处女王，处女王出房后的第一件事就是立即巡游巢房，查找其他的王台，一旦发现，即行咬开，并用螫针刺死里面的新王，若两只处女王同时出房，她们见面后将用上颚和螫针进行殊死的搏斗，直至一只处女王死亡。

处女王出房后 3 天，出巢试飞，出房后 6～9 天性成熟，会选择气温高于 20℃的午后无风天气，在工蜂的簇拥下出房婚飞（交尾）。蜂王会在离蜂巢 3～4 千米的空中，根据雄蜂发出的性激素进入雄蜂聚集区，在众多雄蜂的追逐下，与最强壮的一只交尾。蜂王一天可以和数只雄蜂交尾，交尾可以在一天内完成，也可进行几天。在最后一次交尾的 1～2 天后开始产卵。从此，除非分蜂、飞逃外，终生不再出巢。并根据气候、蜜源、群势等情况，依本能调节产卵的数量和种类。

在自然情况下，蜂群只有以下三种情况时产生蜂王。一是自然分蜂，增加种群数量；二是自然交替，更换衰老的蜂王；三是蜂群意外失王后，工蜂紧急选择一适龄工蜂幼虫房或卵房扩建改造为王台，产生新王。

蜂王一生的自然寿命可达 5 年左右，但以 1～1.5 年的蜂王产卵力最强，因此在养蜂生产上为了维持强群，提高产量，提倡每年更换蜂王。

2. 工蜂 是由蜂群中受精卵发育而成但性器官发育不完全的雌性蜂。工蜂是蜂群中的劳动力，主要承担哺育、饲喂、清巢、防卫、筑巢、采集、酿造、调节巢内温、湿度等全部工作。工蜂所进行的工作因其日龄、蜂群需要、外界环境的不同而有分工。一般地，1～3 日龄，负责保温、清理巢房；3～6 日龄，负责配制蜂粮，饲喂大幼虫；6～12 日龄，负责分泌蜂王浆，饲喂蜂王和小幼虫；12 日龄以上，负责泌蜡筑巢、清理蜂箱、夯实花粉，也可出巢采集花蜜、花粉，酿造蜂蜜或在巢门口充当守卫蜂。工蜂的寿命因劳动强度不同而有很大差别，在繁殖、采集期，一般为 35 天左右，越冬期最长则可长达数月。

3. 雄蜂 是由蜂群中未受精卵发育而成，具单倍染色体。雄蜂无螫针、无臭腺、无蜡腺。它在蜂群中的唯一作用，就是在繁殖季节与处女王交尾，不承担蜂群中的其他任何工作。雄蜂一般出房后 7 天试飞，12～20 天

是交尾的最适期。通常于午后 12～16 时出巢，在空中聚集，形成雄蜂聚集区，等待处女王的进入，处女王一旦进入聚集区，所有雄蜂"蜂拥而上"，最终只有最强壮的雄蜂才能追上处女王，获得与处女王交尾的机会。这是蜂群长期自然选择的结果，为了后代的强壮，只有最强壮的父母才有繁殖权力。

雄蜂无群界，在交尾期可自由进出任一蜂群，工蜂不但不驱赶，反而殷勤饲喂，其寿命可达 3～4 个月。但外界蜜粉源一旦结束，处女王正常产卵后，工蜂便会将雄蜂驱赶到巢外，任其冻、饿而亡。

（二）蜂　巢

1. 蜂巢的结构　中蜂一群蜂有多片巢脾。自然蜂巢多筑于岩洞、土洞、树洞等有利于保持温湿度的黑暗、密闭的洞穴内。人工蜂巢是指家养的蜜蜂生活的人工制作的蜂箱。

人工蜂巢（活框蜂箱）由蜂箱箱体、巢脾、隔板组成。蜂巢中各巢脾之间的通道称为蜂路。中蜂适宜的蜂路为 8～10 毫米，工蜂只能在蜂路合适的巢内工作和活动，蜂路过大，对保温不利，也容易造赘脾；过小，则影响蜜蜂通行，对蜂群调节温度不利。中华蜜蜂的巢脾一般为混合脾，一张巢脾上部贮蜜（主要贮存在巢脾的上边及两个上角），蜜下为粉圈，粉圈下为育子区，很少像西方蜜蜂那样有单独的子脾、蜜脾、粉脾。

2. 蜂巢的温湿度　蜜蜂是昆虫，属变温动物，体温

在 8～47℃间波动，但蜜蜂群体的生活却需要一定的恒温，才能正常生活繁衍，而且蜂群对温度的变化非常敏感，当温度升降 0.25℃时就能引起蜂群反应。蜜蜂群体常以大量密集结团、取食蜂蜜、增加肌肉活动来提高巢温，通过疏散、扇风、采水、离巢等来降低巢温。蜂巢内育子区的温度一般保持在 32～35℃，强群可保持在 34～35℃。越冬蜂团表面温度保持在 6～10℃，蜂团中心温度保持在 14～30℃，冬季蜜蜂个体可通过不断进出蜂团中心来调节自身的温度。

蜜蜂为了自身的生存和发育，需要维持蜂巢一定的湿度。蜂巢的湿度变化较大主要取决于外界环境的温度和湿度、蜜源条件、蜂箱的通风状况、群内蜜蜂的数量、蜜蜂的活动状态和生理状态。蜂巢空气相对湿度一般在 40%～100%之间波动，春季南方多雨，蜂巢内湿度达 95%以上，甚至会产生积水。中蜂生活繁殖适合的蜂巢湿度为 80%左右；采集酿造蜂蜜阶段，蜂群为浓缩蜂蜜，会通过扇风，将蜂巢湿度降到 40%左右。

（三）蜂群的信息传递与行为

1. 蜜蜂的信息传递　蜜蜂是社会性昆虫，蜂群内三型蜂分工合作，既互相依赖又互相制约，其群体的维持、各种复杂的活动，均需要蜂群内有效的信息传递。在蜂群中信息素和蜜蜂舞蹈是两种最重要的信息传递方式。

（1）蜜蜂信息素　蜜蜂信息素是指蜜蜂分泌到体外，能引起同种个体间或种间个体产生生理反应或行为反应

的化学物质。到目前为止，已发现了约几十种的蜜蜂信息素，下面介绍最主要的3种。

①蜂王上颚腺信息素（王质） 由蜂王上颚腺产生的具生理功能的活性物质。目前在其中已分析出：反式 -9- 氧代 -2- 癸烯酸（9ODA），反式 -9- 羟基 -2- 癸烯酸（9HDA），顺式 -9- 羟基 -2- 癸烯酸（＋9HDA），甲基 - 对 - 羟基苯甲酸酯（HOB），4- 羟基 -3- 甲氧苯基乙醇（HVA）等化学结构。目前发现，这5种物质须按一定比例混合，缺少任一种成分或比例不对，其生理活性大大降低。

蜂王上颚腺信息素的生理功能：对工蜂有高度的吸引力，浓度0.01%就能吸引工蜂在蜂王周围形成侍从圈；抑制工蜂卵巢发育，控制工蜂建造王台；性外激素，蜂王婚飞时，能吸引雄蜂追逐与其交尾。

②纳氏腺信息素 纳氏腺又称臭腺，位于工蜂第七腹节背板下。其主要成分由萜类和柠檬醛异构体等芳香物质组成。其功能为：导航，可引导工蜂或蜂王进入巢门，常见工蜂在巢门口，头对巢门，高翘腹部剧烈扇风，即是在发嗅，散发信息素招引同伴；工蜂采集后，也会将此信息素留在花朵上，使后来的采集蜂更快地寻找到蜜源；稳定蜂团，在分蜂时，能保持分蜂团的稳定。

③报警激素 由工蜂产生，有两种：一种产生于工蜂上颚腺的为 2- 庚酮；另一种产生于螫针的为醋酸异戊酯。报警激素的功能为：当蜂群遭受外敌入侵时，工蜂以螫针御敌，刺中来犯者后，将螫针留在其体表，螫

针内的报警激素即向空气中扩散，标明了来犯者的方位，立即招引众多的同伴群起而攻之。这是蜂群抵御来犯者的有效手段。

目前人们对蜜蜂信息素的人工合成展开了深入的研究，取得了可喜的进展。在生产实践中，可以利用蜜蜂信息素控制蜂群的分蜂、控制工蜂产卵、诱捕野生蜂群、提高育王成功率、促进蜜蜂授粉等蜜蜂行为，为定向性使用蜜蜂开辟了广阔的前景。

（2）**蜜蜂舞蹈**　所谓蜜蜂舞蹈，是指蜂群为传递某些信息而采用的一些规律性运动。1923年德国科学家弗里希破译了蜜蜂舞蹈行为所包含的意义，出版了《关于蜜蜂"语言"》一书，于1973年获得了诺贝尔奖。

蜜蜂舞蹈种类很多，其中最重要的是指示食物与地点关系的两种舞蹈：圆圈舞和摆尾舞。是侦察蜂在外界发现蜜源回巢后向同伴传递蜜源方位、距离的方式。

①圆圈舞　蜜蜂在巢脾上以快速的步伐做圆圈状的跑步，并规律性地改变运动方向（图1-1），舞蹈可持续数秒钟至1分钟左右。圆圈舞指示蜜源离蜂巢较近，通常在100米以内。

②摆尾舞　当蜜源距巢房在100米以上时，蜜蜂按"8"字形快速转圈，同时摆动腹部，故称摆尾舞（图

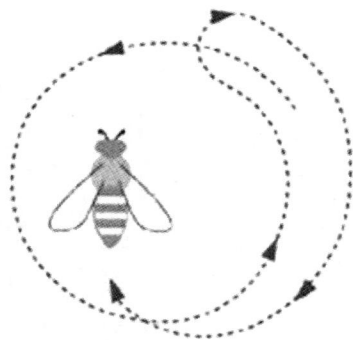

图1-1　圆圈舞

1-2）。摆尾舞还能指明蜜源的方向。摆尾舞中蜜蜂绕两个半圆，合成一个圆圈，每 15 秒内摆尾腹部的次数代表蜜源的远近，距离越远次数越少，如蜜源在 1 千米时，摆尾 4 次；5～6 千米时，摆尾 2 次。而摆尾运动时的蜜蜂的头部朝向，则指示蜜源的方向，头朝上时，表明蜜源方向迎着太阳；头朝下时，蜜源方向背着太阳。舞蹈时的蜂体中轴线跟垂直上方巢顶的夹角，正好表示蜜源方向和太阳方向的夹角，而且蜜蜂还能估算采集后回巢这段时间内太阳偏移的角度，实在是令人惊叹！

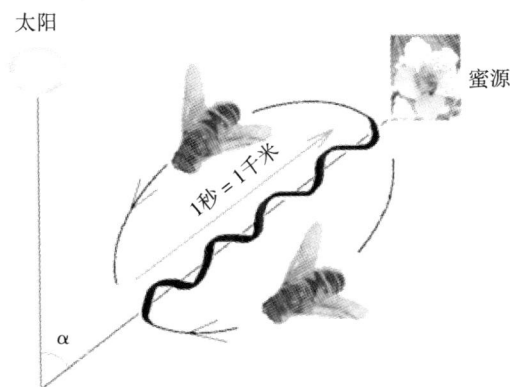

图 1-2　摆尾舞

③其他舞蹈

呼呼舞：蜜蜂分蜂时侦查蜂找到新营地返回原群，在巢脾上做"Z"字形穿行，同时振翅发出"呼呼"的声音，其他蜜蜂接受信息后立即开始骚动，部分工蜂即裹挟蜂王涌出巢门，是蜂群表示分蜂信息的舞蹈。

报警舞：是蜜蜂表达中毒信息的舞蹈，采集蜂外出采集到有毒的蜜、粉或农药后，归巢后在巢脾上按螺旋线快速运动，同时剧烈地左右摆动腹部，其他工蜂接受信息后会停止出巢采集。

清洁舞：当蜂体上粘上了异物，蜜蜂感觉难受时，会极速地踏动三对足，蜂体有节奏地上下移动，同时用中足清理翅基，其他工蜂接受信息后立即为其提供清洁帮助。

④声音　蜜蜂跳舞的时候还能发出一种低频率（250赫兹）的声音。发声次数也能表示距离。守卫蜂如遇到有敌害（胡蜂）来时，每2～3秒钟会发出"唰唰"的声音（频率500赫兹），以警告入侵者，且会维持数分钟。处女王在战斗时会发出"嘶嘶"声以威胁对方。

2. 蜜蜂的行为

（1）本能行为　中蜂的本能行为是先天具备的，包括：遇敌害的行螯行为、遇烟刺激大量取食蜂蜜的行为、向上集结行为、采集行为、泌蜡筑巢行为、饲喂行为、筑造王台行为、守卫蜂巢行为、为老熟幼虫封盖行为等。掌握蜜蜂的本能行为，有助于人们创造有利条件，充分发挥其本能，为养好蜂打下基础。

（2）蜜蜂的"学习"行为　蜜蜂具有经刺激后建立的行为。例如：在颜色、图案上滴加糖液，喂食蜜蜂数次后，蜜蜂即产生记忆，产生对颜色、图案的条件反射行为；刚出房的幼蜂或蜂群迁至新场地，是不知道巢房与环境的相对位置的，但经几次的认巢飞行后，产生记

忆，再次出巢，则能准确地飞回蜂巢；蜜蜂对接触过的花蜜香味也会产生记忆。蜜蜂的"学习"能力较强，记忆产生较快，但记忆持续时间较短。

蜜蜂的"学习记忆"能力在蜜蜂的饲养、蜂蜜生产中应充分注意并加以利用。例如：蜂群对蜂巢地点的记忆，影响人们对蜂群的短距离迁移，所以在蜂场内移动蜂群时一次不能超过1米，否则外勤蜂将找不到原群而发生错投；对花蜜味道的记忆，则能使蜜蜂通过训练（将花朵泡入糖浆饲喂蜜蜂），主要采集人们希望其采集的植物或采集其平时不喜欢采集的植物，从而获得较纯的单花蜜。

（3）花蜜的采集　侦察蜂寻找到蜜源，通过舞蹈"语言"将蜜源地信息传递给同伴，采集蜂就依照信息直飞蜜源地，到达附近时，花蜜的香味吸引其采集具体的花朵。采集蜂确定采集的花朵后，先在其周围飞翔几圈，同时张开后足，降落在花朵上，当花朵小于蜜蜂躯体时，则降落在花梗或枝条上。接着将细长的口器（喙）伸入花的蜜腺中，吸取花蜜，吸干后飞往另一花朵。蜜蜂在采集后还会在已采集过的花朵上留下信息，其他采集蜂则不会采集该朵花，有利于提高蜜蜂的采集效率。中蜂蜜囊充满时，可采集约40毫克的花蜜。

采集蜂将花蜜携带回蜂巢后，就将花蜜分给数只内勤蜂，让它们进行酿造。蜂蜜的酿造过程，一是蒸发除去花蜜中过多的水分，使花蜜中的水分从40%以上降至20%；二是加入蜜蜂涎腺所分泌的多种消化酶，将花蜜

中的蔗糖、少量寡糖转化为葡萄糖、果糖等还原糖。酿造成熟的蜂蜜中还原糖的含量在 65% 以上，而蔗糖含量在 5% 以下，被贮存在巢脾上缘的巢房里，成熟的蜂蜜可保存数年而不变质。

（4）**花粉的采集**　花粉的作用是提供幼虫、幼蜂生长发育所需的蛋白质、脂肪、矿物质、维生素等营养物质。采集蜂在采集花粉时，主要依靠身体的绒毛、足、口器。采粉蜂降落在花上，用 6 只足在花朵的雄蕊上刷集，并用躯体的绒毛粘取花粉，以前足刷取附集在头部的花粉，传递到中足，用中足承接前足传来的花粉同时刷集胸部和腹部的花粉，传递到后足，在后足花粉栉的刷集下，将花粉集中到后足的花粉框中，形成花粉团，携带回巢。蜜蜂也可用口喙在雄蕊上直接采集花粉传递到前足。采粉蜂回巢后，将后足与腹部伸入巢房，用中足将花粉团铲入巢房，由内勤蜂将花粉团咬碎，加入成熟的蜂蜜与蜜蜂分泌液后夯实，制成蜂粮，可长期保存供蜜蜂食用。花粉一般贮存在巢脾蜜蜂幼虫周围的巢房里，有利于饲喂与保温。

蜜蜂采粉时，花粉粒是否能粘在身体上是采粉的关键，所以蜜蜂常在早晨、阴天、雨后等湿度较大的时间段进行，干旱的季节，蜜蜂几乎采集不到花粉。

（5）**水的采集**　水是蜂群的生活与繁殖必不可少的。一个由 1 万只蜜蜂组成的蜂群 1 天需要消耗约 250 毫升的水，这些水主要用于调节蜂群温湿度和配制饲料。蜜蜂采集水的行为与采集花蜜相似。

冬季蜂群越冬和盛夏时，由于巢内贮蜜浓度相对较高，蜂巢内缺水严重，要注意给蜂群喂水，否则蜜蜂冒严寒外出采水会引起死亡。若蜜蜂排放地点附近有污水坑，为防止蜜蜂采集污水，要在蜂场设置喂水器，并在水中加入 0.5% 的食盐，以吸引蜜蜂采集。

二、中蜂的特殊习性

学习掌握中蜂的特殊习性，是管理好中蜂的诀窍。在中蜂的日常管理工作中，只要顺应其特点，控制其弱（缺）点，就能管理好蜂群。中蜂的特性归纳如下。

（1）中蜂群势小，一般蜂群蜂数为 1 万～2 万只，强群可达 3 万只左右（不同类型的中蜂群势差异较大）。蜂王日平均产卵量 750 粒，最高 1 067 粒。由于遗传、劳动强度、季节、营养状况等因素不同，工蜂寿命有较大差异，一般在繁殖、生产季节工蜂寿命平均为 35 天。

（2）中蜂个体小，蜂王体长平均 21.22 毫米，工蜂体长平均 12.14 毫米，雄蜂体长平均 13.5 毫米。

（3）中蜂 3 型蜂的发育历期，蜂王为 16 天，工蜂为 20 天，雄蜂为 23 天。各型蜂不同发育期的发育日龄见表 1–1。

工蜂从卵至羽化出房历时 20 天，一个正常繁殖的蜂群中，卵、虫和封盖子各占子脾的比例约为：卵脾占 1/7，未封盖幼虫脾占 2/7，封盖子脾占 4/7。

表 1-1　中蜂各型蜂发育历期 （单位：天）

型　别	卵　期	幼虫期	封盖期	总发育历期
蜂　王	3	5	8	16
工　蜂	3	6	11	20
雄　蜂	3	7	13	23

（4）中蜂巢房较小，工蜂巢房对边直径 4.81～4.97 毫米，深度 10.80～11.75 毫米。

（5）中蜂个体小，行动敏捷，嗅觉灵敏，采集勤快，善于利用分散、零星的蜜源，适合生活在我国广大的山区、半山区及丘陵地带。

（6）工蜂扇风头朝外。夏季天气炎热，工蜂在试图降低蜂巢内温度扇风时将头朝外，往巢内吹风，结果外界温度低的空气进入温度较高的巢内，易出现冷凝结水的现象，所以中蜂巢内湿度较大，一般维持在 80%～95% 之间，雨季时可达 100%。蜂巢内的高湿度有利于幼虫的生长，但对蜂蜜的成熟、生产管理、病虫害的控制不利。

（7）中蜂不采蜂胶，有利于管理时的提脾操作，且造出的新脾雪白，特别适合生产巢蜜。但巢脾未加入蜂胶脆性变大，在运输时易断裂，也易受巢虫危害。

（8）附脾性差，怕震动易离脾，取蜜时易抖落蜜蜂，但中蜂不宜长途转运放蜂，运输中的颠簸使蜜蜂离脾聚集，蜜蜂离脾过久，易造成幼虫受冻死亡，致使到达新场地后群势下降严重。

（9）易逃群。中蜂对自然环境适应极为敏感，一旦原巢的环境不适于生存时，如缺乏食物、病虫害危害严重等，就会发生离巢迁徙，另寻适宜巢穴营巢，称之为"逃群"。这是中蜂抗逆性强的表现，有利于中蜂种族的生存及繁衍。但中蜂的这种习性常常给养蜂生产造成损失。

（10）分蜂性强群势弱。中蜂由于长期生活在山区岩洞、树洞里，受洞穴空间狭小的限制，以及山区蜜源分布不集中等影响，长期进化过程中形成了群势较小、分蜂性强的生物学特性。当群势强大、蜂群中蜂王较老、卵虫数量较少、哺育蜂数量过剩时，易发生分蜂现象。

中蜂发生自然分蜂也是要有一定条件的，温暖、闷热的气候，比较充足的蜜粉源条件是分蜂的好时期。所以，中蜂的自然分蜂多发生在春末夏初的繁殖季节，蜂群内出现多个王台。分蜂自然分蜂通常发生在王台封盖后的 2～5 天，一般在晴暖天气的 7～16 时，尤其以 11～15 时最为常见。

分蜂与逃群不同之处在于：逃群是全群离巢，而分蜂则有一半的蜜蜂留在原巢内。群势大的蜂群有时会发生第二次、甚至第三次分蜂。

（11）白天性情躁，夜间温驯。中蜂性情比意大利蜜蜂暴躁，特别是在蜜源缺乏的季节或阴冷的天气更为突出，对那些失王群、有病群或有盗蜂的情况下开箱检查，就难以避免被蜇。中蜂容易骚动和发怒蜇人与其人工饲养驯化时间较短有关，也与其嗅觉灵敏有直接关系。中蜂在白天不如意大利蜜蜂温驯，但在夜间防卫能力很差，当夜间开箱检查时，工蜂容易离脾，但不会随便用螫针攻击敌害物，这点刚好与意大利蜜蜂相反，意大利蜜蜂在夜间只要稍微揭开箱盖，手碰巢脾时就会立即被蜇。

（12）盗性强。中蜂嗅觉灵敏，采集欲强烈，在外界缺乏蜜粉源，特别是在久雨初晴或蜜源末期时，易发生蜂群间互相盗取蜂蜜的现象。发生盗蜂时，轻者受害群的储蜜被盗空，引起饥饿；重者出现全场互盗，造成工蜂大量伤亡、蜂王遭受围杀和引起逃群。若与西方蜜蜂同场采蜜，在末花期往往中蜂首先作盗，结果却被西方蜜蜂反击，损失严重，所以在花期末，与西方蜜蜂同场的中蜂应提前离开场地，避免损失。

（13）造脾迅速整齐。中蜂造脾迅速又整齐是长期进化中遗传下来的一种特性。在自然界中，中蜂为了防御巢虫危害，常常要咬掉旧脾再造新脾；为了避开不良环境常常要迁飞，另建新居。这些都造就了中蜂多泌蜡、快造脾的特性。正常情况下，中蜂只要1～2天便可造成1张巢脾。

（14）喜新脾。中蜂好咬除旧脾，喜新脾。好咬除旧脾是一种中蜂对自然环境的适应结果，但咬脾不仅要消耗蜂蜜，而且蜡屑堆积箱底，易招来巢虫，不利饲养管理。

（15）抗病虫害特性强。与意大利蜜蜂相比，中蜂的病虫害少，抗美洲幼虫腐臭病、抗白垩病、抗螨害，行动灵活不易被胡蜂危害，病毒病的发生少于意大利蜜蜂，但中蜂囊状幼虫病、欧洲幼虫腐臭病、巢虫（即"两病一虫"）危害较重。

（16）中蜂抗寒，安全临界温度 10℃、轻度冻僵 5～6℃、开始完全冻僵 2～4℃、完全冻僵 0℃，均比意大利蜜蜂低 3～5℃，甚至在东北，中蜂越冬也仅需做简单的保温包装。所以，中蜂对山区冬季蜜源的采集有优势。

（17）蜂蜜产量较低。由于中蜂个体小，一次采集带回的花蜜量约为意大利蜜蜂的 2/3，再加上群势小，所以中蜂群产量远低于意大利蜜蜂；但中蜂的食量也小，对于冬季蜜源、零星蜜源，意大利蜜蜂入不敷出，而中蜂尚有贮存。

（18）蜜房封盖干白型。由于中蜂所分泌蜂蜡洁白干燥，不采集蜂胶，所以其蜜房封盖雪白，利用中蜂来生产巢蜜，可以生产出颜色洁白的巢蜜。

（19）认巢能力差。中蜂认巢能力差，易错投。如果多群中蜂排列在一起，且蜂箱或地形无明显差异时，易出现错投现象。在中蜂蜂群摆放时注意前后蜂群错开，各群巢门朝向不要一致，或在巢门的方向蜂箱外壁涂上不同的颜色，以利中蜂辨别。

三、蜂群的周年变化规律

蜜蜂是以群体为单位生活的，在正常情况下，一年四季中华蜜蜂群的变化是有一定的规律的，其变化的根据是外界的气温、蜜、粉源植物的开花。掌握这一变化规律，对管理好蜂群是十分有意义的。蜂群的周年变化规律为以下 5 个时期。

（一）越冬蜂更替时期

此期从早春第一批新蜂出房开始，到越冬老蜂全部被替换为止。越冬后是蜂群最弱的时期，蜂群经过长时间的越冬以后，老蜂逐渐死亡，存活的蜜蜂也年老体弱，新蜂又一时无法接替，群势衰减严重。春季气温逐渐回升、蜜粉源植物相继开花，为蜂群的发展提供了外部条件。蜂王开始产卵、新蜂逐渐出房，蜂群中新蜂逐渐取代老蜂，最后新蜂完全替换老蜂，并在蜂群中培育了较多的蜜蜂幼虫，为下一阶段的发展打下基础。这一阶段一般为40天左右。

（二）蜂群生长期

此期从新蜂完全替换老蜂到蜂群群势最大时为止。其间蜂群大量培育蜜蜂幼虫，群势增长很快。蜂群内各龄的蜂齐全，分工明确，蜂巢内外各司其职，最后蜂数达到一个动态平衡，蜂群群势达到最大，停止继续发展，进入分蜂期。此期的蜂群群势各地差异较大，有的地区可以达到8～10框，有的地区只有4～5框。此期时间的长短受诸多因素影响，主要取决于越冬后的群势、气候条件、蜜粉源条件、管理水平等。

（三）自然分蜂期

当蜂群群势达到最大时，蜜蜂为了增加自己种群的数量，便开始自然分蜂，一群蜂自然分为两群、三群甚

至多群。诱发蜂群自然分蜂的条件是：外界蜜粉源资源
丰富，为蜂群的生存和群势发展提供物质条件；蜂巢内
由于蜜蜂增多，巢温过高，采集的蜜粉压缩了蜜蜂幼虫
繁殖的地盘，都会加速分蜂的发生。强大的群势是分蜂
的基础，由于蜂巢内新蜂多，抚育力过剩，这是蜂群分
蜂的根本原因。再由于蜂王较老，分泌的蜂王物质减少，
控制蜂群的能力较新王差，使得工蜂产生了分蜂情绪，
所以在生产上应用新王维持强群。

　　自然分蜂期，蜂巢发生的变化为：首先在巢脾的两
个下角，出现了房口直径大于正常工蜂房的巢房，而且
其中幼虫封盖后，其封盖中央尖突，这就是雄蜂房，表
明蜂群开始培育雄蜂；大约40天后，在巢脾的下缘出现
了口朝下的坛状巢房，这是台基。接着，工蜂逼迫蜂王
在台基内产卵，培育新蜂王。台基内有幼虫培育时，称
为王台。此后，工蜂减少对原蜂王的饲喂，蜂王腹部逐
渐收缩，产卵量下降。在王台封盖时，工蜂完全停止饲
喂蜂王，蜂王的腹部进一步收缩，为起飞做准备。同时
工蜂消极怠工，停止巢内外大部分工作，聚集在巢内的
空处、巢脾上角等。到王台封盖后的2～5天，工蜂在
巢门前大量聚集，如"挂髯"状（又称挂胡子），要离开
蜂巢的蜜蜂吸饱蜂蜜，少数先导蜂出巢，在蜂箱周围低
空飞绕，随后蜂群开始骚动。几分钟后，大量蜜蜂从巢
内涌出，蜂王随之出巢。分蜂的蜜蜂在蜂巢上绕圈飞翔，
然后在附近的树干或高处的突出物上结团。当蜂王进入
蜂团后，离巢工蜂迅速落到分蜂团上，十分安静。形成

分蜂团后，分蜂团中的侦察蜂开始寻找新居，找到后飞回分蜂团，发出信息，接着分蜂团散开，迅速飞往新居。当分蜂团到达新居时，侦察蜂在巢门口高抬腹部发嗅，招引分蜂群进巢。蜂王进巢后，工蜂似骤雨般涌入，随后一刻也不休息，在巢内突击造脾、出巢进行认巢飞翔、采集蜜粉、饲喂蜂王、守卫巢门。待蜂王产卵后，蜂群的一切正常活动都恢复，一个新的蜂群开始了新的生活。

（四）秋更期

此期是秋季采集蜂逐渐死亡，幼蜂逐渐取代更替老蜂的过程。秋季来临，气温开始下降，蜂群的分蜂性减弱，积极采集蜜粉，增加巢内的食物储备，以备越冬之需。蜂群在越冬之前的深秋羽化出房的幼蜂，因为没有参与前期的采集，巢内也因秋末蜜粉源稀少，蜂王逐渐停止产卵，无子可育，所以体质健强，寿命长，是越冬和来年早春蜂群的主体。

秋季外界蜜粉源条件、蜂群的饲养管理技术对秋季蜂群内蜜蜂的更替和饲料的储藏非常重要，特别是北方寒冷地区。秋季蜂群更新期关系到蜂群是否能顺利越冬以及来年早春是否能正常增殖，一季关系两年，是蜂群周年发育最关键的一个时期。所以，对于养蜂来说，"一年之计在于秋"。

（五）越冬期

此期蜂王停止产卵，蜂群断子（南方部分热带、南

亚热带地区由于温度高，可能终年蜂王不停止产卵，无断子期），工蜂停止出巢飞行，在蜂巢中心结成外紧内松的蜂团以抗御寒冷的严冬。蜂团以紧缩—扩松的方式来调节温度。越冬蜂群以巢内储蜜为食，靠代谢和运动产热维持巢温。所以，蜂群成功越冬的关键在于有数量足够的适龄越冬蜂和优质充足的越冬饲料。

蜂群的周年变化一般由上述 5 个时期构成，但没有明显的界限和固定的时间，很大程度上受地域、蜜粉源、外界小气候、养蜂者饲养管理水平等外在因素，以及蜂种的遗传性状、蜂王的质量等内在因素的影响。因此，蜂群群体的周年变化在各年之间有所不同。

第二章
养蜂的环境条件与工具

一、饲养中蜂的蜜源条件

（一）我国蜜粉源植物概况

蜜粉源条件是蜜蜂饲养的最重要的基础，蜜蜂的食物就是蜂蜜和花粉，只有在蜜蜂源丰富的地域才能使蜜蜂正常生存，获取蜂产品。

我国南北纬度跨度大，地貌多样，气候差异显著，植物种类繁多，山区近年来退耕还林、封山育林，加大了对山林的保护，植被茂密。据调查，我国约有 14 000 种蜜粉源植物，四季均有山花开放，丘陵地区又大量种植果树，一年之中有 2～4 个较大的可生产商品蜜的蜜源，其余时期零星开放的野山花为蜜蜂的生存、繁殖，蜂蜜的生产提供了充足的蜜粉源条件。所以，山区、半山区、林区是饲养中蜂的好地方。

（二）山区常见蜜源植物

1. 油菜　我国各地常见的油料作物，种植面积大。开花期随纬度和海拔增加而延迟，云南、广东、福建元月开花，四川、湖北、湖南、浙江、江苏 4～5 月份开花，而青海、黑龙江、内蒙古、甘肃可迟至 6 月份开花。群体花期 20～30 天，品种较多的地区能延续 40 天左右，是我国的一个重要蜜粉源。

2. 柑橘　开花期 3～4 月份，群体花期 20 天左右，主要泌蜜期 10 天左右，单朵花开花泌蜜数天。柑橘花期开花的特点为：蜜粉丰富，蜜呈淡黄色，气味芳香，甘甜可口，易结晶，结晶呈乳白色，为优良蜂蜜。但花期正值南方雨季，产量不稳定。此外柑橘病虫害较多，常喷施农药，易引起蜜蜂农药中毒。

3. 荔枝、龙眼　广东、福建、广西栽培面积大，是华南地区重要的春季蜜源，开花期 4～6 月份，两个花期紧密相连，有利于蜂群较长期的生产，极利于中蜂小转地饲养。所产蜂蜜香味浓郁，甘甜适口，是优良的蜜种。由于开花季节常遇雨季，某些年份对采集不利，还存在大小年现象，小年花序仅大年的一半左右。

4. 山乌桕　南方山区普遍分布，主要分布于丘陵低山地区。开花期 5～7 月份，群体花期 30～40 天，盛花泌蜜期 20～30 天，花期长，泌蜜丰富。雄花多，花粉丰富，对采荔枝和龙眼后的蜂群恢复有重要作用。无明

显的大小年现象，中蜂和意大利蜜蜂均可利用。新蜜浅呈琥珀色，结晶黄白色，颗粒较粗，浓度较低，味淡香，过夏后蜂蜜颜色迅速变深。

5. 乌桕　常见于公路旁、山坡荒地、田埂、沟边等。开花期 6 月份至 7 月上旬，花期 30 天左右，蜜粉均丰富，对南方夏季蜂群的繁殖和生产有利。新蜜呈浅琥珀色，浓度低，易变深色发酵；味甘甜稍淡，结晶后呈暗乳白色，颗粒粗。在蚜虫严重年份，不仅影响开花泌蜜，而且蜜蜂常因采食蜜露引起中毒。

6. 柃属（山桂花）　野生于南方海拔 800～1 200 米山坡灌丛，山谷、溪边、沟谷林缘、林中路旁湿润地。我国柃属的植物种类很多，有 78 种柃，各地常见数种柃属植物混交生长。开花期 11 月份至翌年 2 月份，群体花期 50～60 天，单种柃花期 10～15 天。开花泌蜜无明显大小年现象，气候正常时较稳产。雄株花粉丰富，对生产和冬季蜂群繁殖都有利。蜜呈水白色半透明，易结晶，结晶呈乳白色，颗粒细腻，具桂花清香，甘甜适口，色、香、味俱佳，为优质上等蜜。

7. 枇杷　广东、福建、江苏、浙江、广西、四川、台湾、安徽、江西、湖北、湖南、云南、贵州、甘肃、陕西、河南均有栽培，以福建、江苏、浙江、四川等地栽培最盛，是我国冬季的优质蜜源，开花期 10～12 月份，花期较长。蜜甘甜上口，是蜜中上品，以色浅为佳。

8. 鹅掌柴（八叶五加）　分布于南方丘陵、山地的

常绿阔叶混交林地。开花期 10 月下旬至翌年 1 月中旬，盛花期 12 月份，群体花期 50～60 天，单朵花期数天。同一个地方生长在阳坡比阴坡早开花，树冠上部比下部先开花；壮年树比幼年树先开花；高海拔处比低海拔处先开花；高纬度处比低纬度处早开花。泌蜜量大，花粉多，对采蜜和冬季繁殖都有利；花蜜浓度高；新蜜浅琥珀色，甜度大，带有苦味，贮存日久，苦味减轻。蜂蜜容易结晶，结晶呈乳白色，颗粒细腻。

9. 荆条　北方山区、丘陵地区多有分布，6～8 月份开花。群体花期约 30 天。新蜜清亮洁白，结晶呈白色，为优质蜜。

10. 洋槐（刺槐）　分布于东北、西北、华北以及华中的部分地区，花期在 5～8 月间（不同地区有先后），群体花期约 15 天左右。蜂蜜水白色，不易结晶，气味清香，为优质蜜。

另外，不同地区可能还种植了大量不同品种的果树、绿肥、经济作物等，都是蜜蜂优良的蜜源，如柚子、橙、枣、紫云英、苕子、棉花、芝麻、荞麦等。不同地域还有不同的特色植物，如分布广泛的盐肤木，我国西南省份的野坝子、野藿香、苕子等，西北省份的老瓜头、沙枣、白刺花、枸杞、党参、北芪、牧草等，长江以南各省常见的大叶桉、柠檬桉等，均为优良的蜜源。

二、饲养中蜂的工具

（一）蜂　箱

我国各地流行使用各种的中蜂蜂箱规格参数见表2-1。各地在结合本地中蜂饲养管理的特点后，对中蜂十框蜂箱还进行了改造，改造的方法为增加、减少放框数或增加高度、减少前后长度。若以定地结合小转地饲养，多半将蜂箱做窄减少放框数，单群饲养，以方便搬运；

表2-1　我国几种典型中蜂蜂箱的技术参数　（单位：毫米）

技术参数		从化式	高庆式	中一式	十框标准蜂箱
巢脾中心距		32 或 35	33	32	32
巢框内围	继箱巢框				400 × 100
	底箱巢框	350 × 215	244 × 309	385 × 220	400 × 220
	巢框厚度	25	25	25	25
每箱容框数（个）		12	14	16	10
箱体内围	继箱				440 × 370 × 135
	底箱	386 × 462 × 260	280 × 465 × 350	421 × 552 × 271	440 × 370 × 270
框间蜂路		7 或 10	8	7	8
上蜂路		8	7	7	8
前后蜂路		8	8	8	10
下蜂路	继箱下蜂路				2
	底箱下蜂路	20	18 或 20	14	20

若蜜源条件丰富，定地饲养的，也可将蜂箱做宽，在蜂箱中间加隔堵板，双群饲养，以利于保温。据不完全统计，在我国使用的饲养中蜂的活框蜂箱种类约有百种之多。中蜂十框蜂箱具体数据见图2-1。

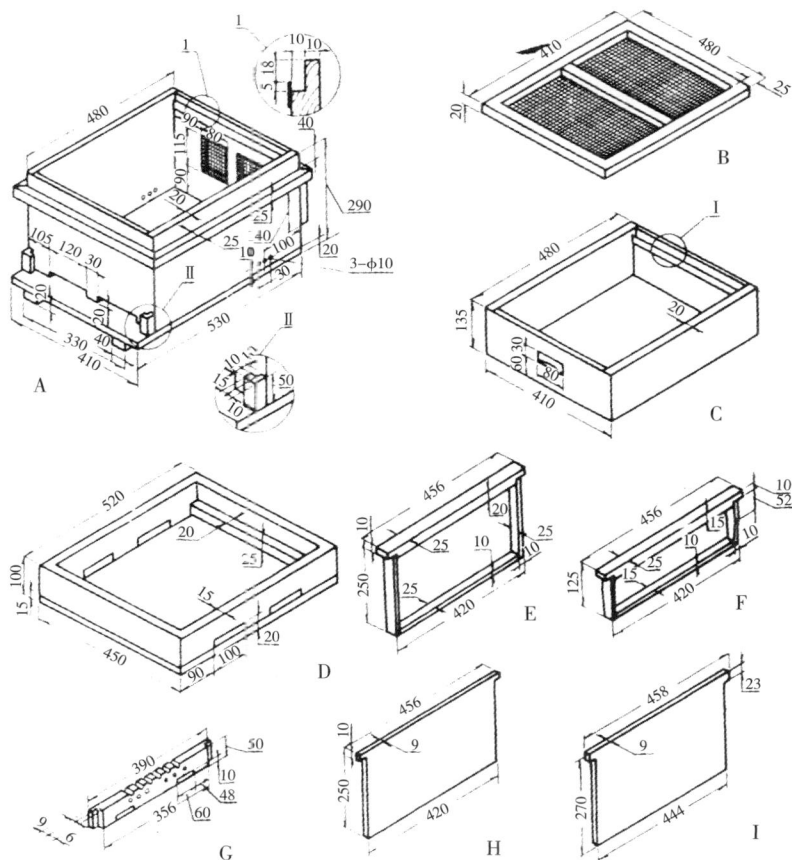

图2-1 中蜂十框蜂箱的结构 （单位：毫米）

A.底箱 B.副盖 C.浅继箱 D.大盖 E.巢框 F.浅继箱巢框
G.巢门档 H.隔板 I.隔堵板

（二）育王器具

饲养中蜂使用的育王器具一般有：移虫针、育王框、蜡盏、囚王笼等。

1. 移虫针 为育王时移动幼虫使用，我国使用的为牛角弹性移虫针（图2-2）。具有移虫速度快、伤虫率低的特点，深受世界养蜂业喜爱。

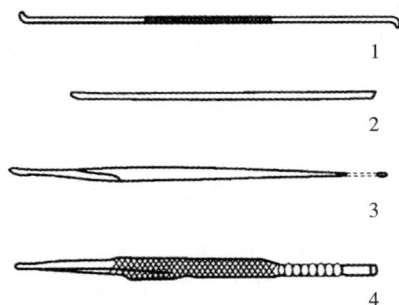

图2-2 几种类型的移虫针
1.金属移虫针 2.牛角片移虫针 3.鹅毛管移虫针 4.牛角弹性移虫针

2. 育王框

（1）制作 采用杉木制成，宽、高与巢框相同，厚为15～18毫米，框内有3条台基条供黏着蜡盏（图2-3）。台基条通常设计成可拆卸的，以方便移虫或割取王台。

（2）使用 将人工台基黏附于台基条上，供移虫育王。通常每条台基条安装7～10个台基。

3. 蜡盏 为模仿自然王台，人工制作的人造台基。

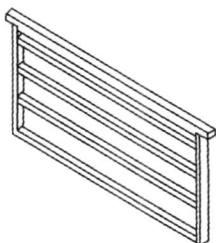

图 2-3　育王框

用蜡盏棒蘸取融化的蜂蜡，冷却后形成。蜡盏棒为长80～100毫米硬木制成，端部圆台形，直径8～9毫米，距端部10毫米处，直径9～10毫米。蘸制台基时，事先将蘸蜡棒置于清水中浸泡半天，然后提出甩去水滴，垂直插入70℃的蜡液中，提起，连蘸3～4次；首次蘸蜡深度为10毫米，其后逐次减少0.5～1毫米，形成底厚口薄的蜡盏。蘸好后将蜡盏放入冷水中冷却片刻，蜡盏和硬木因在冷水中收缩系数不同而分离，用手即可轻轻脱下蘸制的蜡盏。

4. 囚王笼　是用于囚禁蜂王的器具。在蜂王生产中，它常用于储备处女王，以在交尾群蜂王交尾失败时及时补给，也用于大量储存交尾成功、待售的蜂王。

常见的有嵌脾囚王笼、扣脾囚王笼（图2-4）。

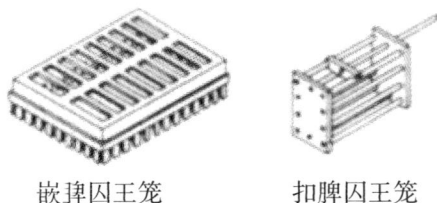

嵌脾囚王笼　　　　　扣脾囚王笼

图 2-4　囚王笼

（1）**嵌脾囚王笼**　采用塑料和竹丝制成，笼长 45 毫米、宽 30 毫米、厚 20 毫米，四周均为隔王栅结构，两端为塑料片，窄侧面有可抽开小门，供装入和释放蜂王。使用时将囚王笼嵌装在巢脾近上梁处或下梁处，也可以吊挂在两脾之间。

（2）**扣脾囚王笼**　采用塑料制成，笼长 70 毫米、宽 50 毫米、高 20 毫米，顶面为隔王栅结构，工蜂可自由进出。使用时，先罩住脾上的蜂王，然后轻轻下按，使笼齿插入巢脾内即可固定。

（三）其他常用工具

喷烟器，由铁皮制成（图 2-5）。由喷烟器产生烟雾，用于平息蜂群的骚乱。在饲养管理上，应尽量避免使用，否则蜂群的温驯性将被破坏。只有在进行割脾过箱时用于驱蜂离脾或收捕野生蜂时使用。使用方法为：在铁罐中加入旧棉絮、谷糠、稻草等物，点燃后将出烟口对准欲处理的蜜蜂，压动皮制风箱，从铁罐出烟口处即喷出烟雾，起到镇压蜜蜂骚动的作用。

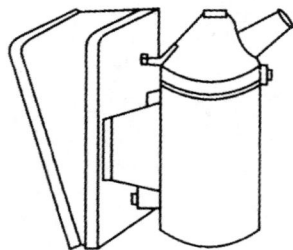

图 2-5　喷烟器

割蜜盖刀，为薄片长刀，类似切西瓜刀。用于取蜜时切割贮蜜房上的封盖。

摇蜜机，又称分蜜机。饲养中蜂常使用两框弦式摇蜜机，转动时，利用离心力将蜂蜜从巢脾中分离出。

埋线器，上巢础时使用（图2-6）。用时加热将细铁丝埋入巢脾中，以加固巢脾。

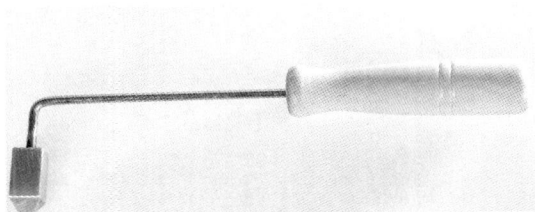

图2-6　铜头埋线器

蜂刷，一种扫脱蜜蜂的工具。主要用于扫脱蜜脾、育王框上的蜜蜂。通常采用白色马尾毛、马鬃制成。

巢础，人工用蜂蜡制造的蜜蜂巢房的房基。使用时嵌装在巢框中，工蜂啃咬巢础蜡并加上自身分泌的蜂蜡以其为基础，加高房壁，而形成完整的巢脾。

以上养蜂工具均可在蜂具店中购买成品。

第三章
中蜂基础管理技术

一、蜂场的选择

中蜂摆放场地的选择是有一定条件的，一般应满足下列两个方面。

1. 蜜粉源条件 在蜂场周围 2～3 千米范围内，一年中要有 2 个以上的由大面积蜜源植物构成的主要蜜源（生产商品蜜）和较丰富的四季开放的零星山花构成的辅助蜜粉源（供蜜蜂生活）。

2. 场地选择 选择地势高燥，背风向阳，地面不积水，前面有开阔地，环境僻静，交通相对方便，具洁净水源，远离烟火、食品厂、化工厂的地方；避免选在其他蜂场蜜蜂过境地。山区林地，则应选择林缘或稀疏的小树林的缓坡，既能遮阴，又不至于太郁闭，也方便管理操作。

二、蜂群的摆放

蜂群应依据地形、地物尽可能分散排列，前后交错。

在山区，应排在蜜源的下方，让蜜蜂空身上山，满载下山，节约体力。巢门尽可能面对蜜源，利用斜坡布置蜂群，使各箱的巢门方向、前后高低各不相同，不宜对着风口。场地有限，蜂群必须排放密集时，则可在蜂箱前壁涂以黄、蓝、白、绿等不同颜色或贴上不同图案以方便蜜蜂认巢。摆蜂时，注意将蜂箱底部垫高，高度在20～50厘米。定地饲养的，可自制水泥栏，架起蜂箱，转地的自带钢筋焊制的铁架子，一来使蜂箱保持通风干燥，二来防止青蛙、蟾蜍捕食蜜蜂，三来方便开箱操作。

三、蜂群的饲喂

蜜蜂为维持正常的生存和繁育，需要从自然界获取各种营养物质，包括碳水化合物、蛋白质、矿质元素、维生素，为蜜蜂提供这些物质的就靠蜂蜜和花粉。虽然中蜂日常管理中一般不用特别的人工饲喂，但为了保种蜂群营养充足，增强蜜蜂的体质，提高蜂群的健康水平，防控病虫害，加快蜜蜂繁殖，促进蜂群采集积极性，在一些关键时期，应对蜂群进行饲喂。

蜂群的饲喂分补助饲喂、奖励饲喂，饲喂的食料有糖浆（蜂蜜）、花粉、水。

（一）补助饲喂

目的为维持蜂群的生活，时间一般在蜂群取完最后一次蜜，蜂群中缺蜜时进行。糖浆浓度为66%（2份白糖加 1 份水，热溶冷却后饲喂），饲喂量一般较大，在3～7 天内将蜂群喂足。喂足的标志是，巢脾上缘贮蜜区贮满饲料，并且贮蜜区出现封盖。或者用商品性较低（价格低）的蜂蜜饲喂，但饲喂蜂蜜容易造成盗蜂，解决办法为：前期留好蜜脾，需补助饲喂时加入蜂群。

（二）奖励饲喂

目的为激励蜂群繁殖或生产，一般在见到蜂王开始产卵或蜂群刚进入采蜜时期进行。糖浆浓度为 50%（1 份糖加 1 份水），饲喂量小（一般每群蜂 250 克左右），促进蜂群繁殖可在每天傍晚饲喂，持续饲喂整个繁殖期；进入采集期后不宜过多饲喂，以免造成蜂蜜蔗糖含量超标。

饲喂蜂群时应注意：缺蜜群和强群多喂，反之少喂；蜂群内无贮粉不奖励饲喂，以防蜜蜂空飞；饲喂期间要缩小巢门；饲喂量以当晚食完为度；在蜜源缺乏期喂蜂，应注意防盗蜂。

（三）饲喂花粉

以往一般认为饲养中蜂无须饲喂花粉，但为了加快蜂群繁殖速度，提前让蜂群繁育、储备适龄采集蜂，在蜜源植物大流蜜时期有充足的"劳动力"，提倡对中蜂蜂群饲喂花粉，这是获得蜂蜜高产的必要保证。饲喂花粉的时期应在蜂群繁殖初期，当蜂王刚开始产卵或巢脾上出现赘脾、幼虫、蜂群开始进粉时进行。花粉团的制作方法是，将花粉用适量 50% 浓度糖浆拌匀后，放置

12～24 小时，使糖浆将花粉充分浸透。其后，再酌情加入糖浆，将花粉揉成团，以用手捏紧时指缝中不淌糖浆，松开手时花粉团不分散为宜。每次饲喂花粉的量，以蜜蜂能在 3 天内取食完为度。饲喂花粉方法为，将花粉团下垫一小块塑料薄膜压扁后，置于巢框上梁供蜜蜂自行取食。通过数次连续的饲喂，将花粉喂足，喂足的标志是，在子圈的外围，有 3～5 层的巢房装满花粉。

（四）喂　水

给蜂群饲喂干净的水，是许多蜂场忽视的重要措施。夏季蜂群为了给巢房降温，常采水，而更重要的是采集饮用水。一般情况下，蜜蜂饮用水采自于自然界的江、河、湖、塘、沟、渠的地表水源，由于我国目前许多地区环境质量不尽如人意，许多地区地表水污染较为严重，污水坑还是病原菌的滋生地。为避免蜜蜂采集自然界不洁净的水源，应在蜂场设置采水点。具体做法：长期在蜂场摆放一碗凉开水，以避免蜜蜂往不洁之地采水，为吸引蜜蜂采集，可在凉开水中加入 1% 的食盐，以提供蜂群所需的矿物质元素。

四、蜂群的检查

检查蜂群是为了掌握蜂群内部活动情况的主要手段，也是蜂群管理的主要内容。一般分为开箱检查、箱外观察，两种方法各有优缺点：开箱检查可清楚了解蜂群内

部情况，但费时、扰动蜂群、寒冷时不适宜操作；箱外观察是根据蜜蜂在箱外的活动来判断蜂群内部的情况，快速、不影响蜂群的正常生活，但对蜂群内部情况的掌握不详。生产中可根据具体情况和检查的目的来选择检查的方式。

（一）开箱检查

开启蜂箱的大盖、副盖，提出全部或部分巢脾逐一检查，可以全面了解蜂群内部的情况，以便针对出现的问题及时采取解决的措施。开箱检查又分全面检查和部分抽查两种。

1. 全面检查 就是将箱内巢脾全部逐一提出检查的方法。能全面了解蜂群内部的情况，可对每张巢脾进行相应的调整或处理。全面检查前，为了减少盲目性，不为开箱而开箱，一定要有检查的目的和主要内容，以便采取相应的措施。开箱的目的以当时蜂群管理的中心任务来确定，例如：在繁殖期，查看蜂王产卵、卵虫哺育情况，查看脾下缘的自然王台修造情况，以了解蜂群是否出现分蜂热；在采蜜期，则看蜂群进蜜、酿造情况。

全面检查的顺序为：

（1）**箱盖的开启** 检查人员站在蜂箱的一侧，背对阳光，千万不可站在蜂箱的巢门前面，影响蜜蜂进出，引起蜜蜂攻击。将大盖开启，斜靠在蜂箱的侧后，轻轻地移动副盖，再缓缓掀开，翻转后置于蜂箱巢门前，将其一角（边）靠在巢门踏板上，让蜜蜂自行爬入蜂箱。

如果蜜蜂特别暴躁，可用喷烟器在群内喷少许清烟压制一下。

（2）提脾检查 操作之前先将隔板外移，然后依次将巢脾分开 30 毫米左右的间隙，用双手捏住巢脾的框耳，垂直向上缓缓提起。注意，不能与相邻的巢脾相擦碰，以免激怒蜜蜂；提起的巢脾不要离开蜂箱的上方，防止不慎将蜂王掉失。

提脾之后，用中指顶住巢脾的侧梁，将巢脾向身体一侧倾斜，以便观察。检查完一面后，再翻脾检查另一面。翻脾的方法为，一只手相对不动，另一只手握住框耳抬起，使巢脾由原来的水平位置变为垂直位置，再以上梁为轴，将巢脾旋转 180°，随后将手放平，巢脾恢复水平位置，但上梁在下，下梁在上，即可检查另一面。巢脾不宜直接水平翻转，防止脾面因幼虫、蛹、蜜、粉的重量较重而折断。检查完的巢脾放置在蜂箱另一侧（箱内巢脾较多时），或放回原来位置。全部巢脾均检查完以后，将巢脾归位或进行里外巢脾的位置互调。

2. 部分抽查 就是开启蜂箱后，有目的地重点检查部分巢脾，从抽查的巢脾判断整群的情况。工作量相对全面检查小，时间短，对蜂群的正常活动影响小。饲养蜂群数较多时或在易发生盗蜂的季节常用此法。每次检查确定一个主要观察项目，从而确定提箱内的哪几张脾，做到目的明确，提脾准确。一般中蜂开箱抽查多半提中间的 2～3 张脾。提脾检查方法同全面检查。

（1）蜂脾比例的检查 掀开副盖，若发现副盖下、

隔板外挤满蜜蜂，说明蜂多于脾，应及时加础造脾；若脾上蜜蜂稀少，蜂少于脾，则应适当抽脾（抽出无子、无贮蜜的空脾或旧脾、劣脾）；若是在夏季高温季节，脾上蜂少，隔板外、巢门外蜂多，则是蜂巢温度过高，蜜蜂离脾纳凉的现象。

（2）**蜂王情况的检查**　蜂王一般在蜂巢中间的巢脾上活动，检查蜂王一般抽取中间的巢脾。若提出巢脾未见蜂王，但可见巢房内有卵、小幼虫，说明该群蜂王正常；若不见蜂王，脾面上又不见卵、各龄幼虫，工蜂行动慌乱，意味着失王；若发现一房数卵，且东倒西歪，说明失王已久，工蜂产卵了；若蜂王可见，又出现一房数卵，说明蜂王衰老；巢脾下沿出现规则、整齐的王台，说明蜂群产生了分蜂热；若王台出现在脾面中央，是工蜂以原工蜂巢房改造的，说明蜂群失王，正在急造王台，产生新王。

（3）**幼虫发育的检查**　目的有两个：一是查看蜂群对幼虫的哺育的好坏，二是查看有无幼虫病。可从蜂巢靠中间的部位提出1～2张巢脾进行检查，若脾面幼虫整齐，虫龄较一致，幼虫显得滋润、鲜亮、丰满，封盖子封盖整齐，则发育正常；若脾面幼虫不整齐，虫龄严重不一致，甚至出现卵、各龄幼虫、封盖子花杂排列（花子），说明幼虫发育不良，甚至患病。

（4）**饲料情况的检查**　打开蜂箱，若蜜香扑鼻，边脾有存蜜，或子脾上角有封盖蜜，表明巢内存蜜充足；若脾面上角空空，幼虫发育不整齐（无病），甚至有拖

子现象（成年蜂将健康幼虫拖出），说明蜂群缺蜜，应立即补充饲喂。

（5）**病虫害检查**　提出幼虫脾检查有无花子现象，检查箱底是否有蜡屑，蜡屑中是否有丝状物或虫，若脾面幼虫整齐、发育良好，则蜂群健康正常。

3. 开箱检查注意事项

（1）开箱前，应准备好所需的用具，如喷烟器、蜂刷等。为了做好记录，准备好记录本、笔等用具；准备一个空箱、几个上好巢础的巢础框，以备抽脾、加础，及时扩、缩蜂巢。

（2）开箱检查时，身上不要带有刺激性气味，如葱、蒜味，严重的汗味、香粉、香水味，不要穿黑色的衣服或毛料制品的衣帽。因为蜜蜂厌恶这些气味和颜色，易被激怒。若在检查时被蜂蜇，应轻轻放下巢脾，迅速用手指甲刮去螫针，切勿惊慌失措，更忌扔掉巢脾胡乱扑打，否则会招来更严重的蜜蜂攻击。发现蜜蜂较为暴躁时，应立即停止检查，盖上大盖，待蜂群平静后再行检查。

（3）外界缺乏蜜粉源时，尽量少开箱检查。非检查不可时，应在早晚蜜蜂不活动时进行，时间越短越好。检查时，切勿将蜂蜜等滴落在场地上，割下的赘脾（指蜜蜂在巢框以外区域造出的巢脾，在管理上应及时割除）等也应收妥，否则易发生盗蜂。

（4）开箱检查，应遵循轻、快、准，做到开箱时间短；提脾垂直上下；防止压死及任意扑打蜜蜂，特别是盖副盖与大盖时，发现蜜蜂在箱顶时，应将蜜蜂驱赶后

再盖，否则会压死蜜蜂。蜜蜂在死之前释放的报警激素的积累，会使蜂群暴躁，给以后的管理带来不便；不要站在巢门前开箱；总之，注意不要惊扰蜂群，引起蜂群围攻，造成人员、蜂群互相伤害。

（5）未剪翅的新蜂王，在开箱检查时常会因惊动而起飞。遇到时，立即停止检查，离开蜂箱，让蜂箱敞开，蜂王会自行飞回，然后盖好箱盖。所以，在新王产卵后，可将其一侧的前翅剪去 1/3（注意不得伤及足）。

（6）夜晚必须开箱时，可用红光（用红布罩住手电筒、灯泡），冬季最好将蜂群搬回室内检查，用红灯泡照明，以保证尽量不降低巢温。

（二）箱外观察

在中蜂的日常管理中，主要是通过箱外观察蜜蜂的活动，进而推测箱内蜜蜂活动的情况，以便了解蜂群情况，采取相应的管理措施。

1. 观察巢门口蜜蜂活动

（1）**蜂群正常**　巢门口蜜蜂进出秩序井然，蜜蜂采集积极，表明蜂群兴旺正常。

（2）**蜂数异常**　巢门口显得拥挤，表明蜂群内可能蜂多于脾，要加础扩巢；巢门口蜂数稀少，进出蜂明显比其他蜂群少，表明群势弱，要减脾紧巢。

（3）**贮蜜情况**　在采集季节，清晨巢门口有水珠凝聚，表明巢内进蜜多酿造好。

（4）**缺水**　早春繁殖时气温较低，却见蜜蜂出巢采

水，巢门前有蜜蜂拖出的结晶粒，表明巢内干燥，或是蜂王开始产卵，工蜂饲喂幼虫导致巢内缺水。

（5）**缺少饲料**　阴冷天或不利于蜜蜂外出的时节，一般蜂群都停止活动，而个别蜂群的工蜂仍频繁的进出蜂巢，或在箱外无力爬行，并可见被拖出的幼虫，表明巢内饲料短缺或严重缺蜜。

（6）**围王**　蜂巢内阵阵轰响，巢门口蜜蜂惊慌不安，巢内不时有工蜂将伤、残、死蜂拖出，表明巢内出现围王现象。此时应迅速将蜂王置于囚王笼内，将蜂王与工蜂隔离，待蜂群重新接受蜂王后，即可将蜂王放出。

（7）**花期结束**　蜜蜂出勤明显减少，巢门口守卫蜂增多，雄蜂被驱逐出巢，表明外界蜜源花期已过，蜜蜂提高警觉性，进入贮备饲料阶段。

（8）**蜂群被盗**　外界蜜源结束，巢门口有蜜蜂盘旋飞翔，伺机进入蜂巢，巢门口有蜜蜂抱团厮杀，工蜂出巢快速且腹部膨大，表明蜂群被盗。

（9）**温度过高**　巢门口拥挤，许多蜜蜂头朝外，尾朝巢门，有秩序地扇风，表明巢内通风不良，温度过高。

（10）**分蜂热**　采集季节，其他蜂群采集积极，部分蜂群消极怠工，工蜂出勤明显减少，巢门口成团蜜蜂垂挂（俗称"挂胡子"），表明蜂群出现分蜂热。

（11）**敌害入侵**　巢门口混乱，守卫蜂增多，巢外可见伤残蜜蜂、残缺蜂尸，表明敌害入侵（老鼠、胡蜂或其他敌害）。

（12）**农药中毒**　巢门口有蜜蜂翻滚，死蜂钩腹卷

曲、口喙伸出、翅松弛、有的后足还带有花粉团，表明蜜蜂采集了喷过农药的蜜源植物，引起中毒死亡。

2. 观察蜜蜂飞翔行为

（1）**分蜂现象** 繁殖季节，晴朗天气的中午前后，巢门口突然大量蜜蜂涌出，在飞翔周围上空盘旋，形成"蜂云"，不久降落在附近突出物上或"蜂云"盘旋远去，这是自然分蜂。

（2）**新蜂闹巢** 久雨后初晴，许多蜜蜂在蜂箱巢门前上方高约1米处有规律的飞翔，声音较响，有的蜂落于巢门踏板上，头朝巢门，上翘腹部，振翅发嗅，是新蜂试飞现象。

（3）**采集判断** 蜜蜂进出巢积极，回巢蜂腹部膨大，有的蜜蜂在巢门前先降落于踏板上，再爬回蜂巢，在一旁摇蜜时，仅少量蜜蜂靠近，表明外界蜜源泌蜜良好。

（4）**繁殖判断** 群势相当的蜂群，若采粉积极，表明巢内蜂王产卵多，幼虫生长良好，繁殖正常；反之，则表明蜂群繁殖较差或存在分蜂热现象。

（三）检查记录

检查蜂群的目的在于发现问题和解决问题，其过程就是蜜蜂管理的过程。要想提高管理水平，使蜂群获得高产，必须养成每次的检查结果都记录在案的良好习惯，推测蜂群发展，以便总结经验，是科学养蜂的重要措施。可采用记录表的形式，每群建立一个档案，以便保留下可供追溯的资料（表3-2）。

表 3-2　蜂群检查记录表　　　群编号：

检查日期	蜂王情况	蜜蜂（框）	巢脾（框）						问题及处理
			子　脾			贮蜜情况	贮粉情况	框数	
			卵	虫	蛹				

1. 根据检查预测群势　蜂蜜的生产的过程其实就是根据自然界蜜源开花泌蜜的情况管理蜜蜂的过程，这就要求蜂场或养蜂户对自己所饲养的蜜蜂有科学合理的发展计划，计划的前提是对蜂群的群势的变化有一个较为准确的判断，以制定切实可行的生产计划。

群势预测包括两个方面，一是对当前群势进行测定，二是根据当前蜂群内蜜蜂幼虫的发育情况对今后的发展进行预测。

群势测定内容为：测定蜜蜂数量，测定蜜蜂幼虫的数量。

2. 群势测定方法

（1）测定蜜蜂数量

①重量测定法　用衡器称量蜂箱（带蜂）的总重量，然后将蜜蜂全部抖落于另一空箱，再称量蜂箱（包括巢脾、隔板等全部蜂具）的重量，两下相减后的重量即为蜜蜂的重量。一般 1 千克中蜂约为 12 500 只。重量测定法精确但程序复杂费时，且伤蜂，平时极少使用。

②按框数测定法　通常以框来计算蜜蜂的数量。由

于蜂箱巢脾的面积及测定者的经验不同，所测的蜂数也有差异，所以不是一个精确的蜂数，但由于操作简单、速度快，目视情况下即可测定，熟练掌握后十分适用用于日常快速检查。具体方法为，目测巢脾两面爬满蜜蜂，即为1足框蜂，若爬伏不满或有重叠，则根据实际密度进行折算，或减或增。一般1足框（中蜂标准箱）中蜂约为2500只蜜蜂。

（2）**测定蜜蜂幼虫数**　蜜蜂幼虫是蜜蜂卵、幼虫、蛹的总称。蜜蜂幼虫是蜂群发展的后续力量，蜜蜂幼虫的多寡，决定蜂群是群势扩大还是缩小。预测群势的发展就是以蜜蜂幼虫的情况为依据。准确测定蜜蜂幼虫的数量，因为根据蜜蜂幼虫的数量，结合其不同的发育期，就可以估算出多长时间后有多少蜜蜂，从而判断蜂群群势的变化。测定方法有以下两种。

①网格测定法　取一空巢框，在上下横梁和左右侧梁间隔4.4厘米分别打孔，再用细铁丝（24或26号），纵横交叉编成32个正方形网格，即成测子框。测定蜜蜂幼虫时，提出巢脾，将蜜蜂抖于蜂箱内，测子框平靠在巢脾上，目测观察子脾面积所占的网格数，满格计为100只，未满格的按实际情况予以折算。巢脾两面的格数相加即为整张子脾的蜜蜂幼虫数，蜂群中全部子脾的蜜蜂幼虫数，即为该蜂群的蜜蜂幼虫总数。如一张巢脾两面总蜜蜂幼虫有22.4格，蜜蜂幼虫数为22.4×100＝2240（只）。

②经验测定法　有经验的养蜂者常以目测的方式，

估计巢脾两面蜜蜂幼虫占子脾面积的百分比，再乘以巢脾巢房数（约6 400），来计算蜜蜂幼虫数。如一张巢脾其两面蜜蜂幼虫面积占巢脾面积的35%（0.35框蜜蜂幼虫），则蜜蜂幼虫数为6 400×0.35＝2 240（只）。

（3）**群势的预测**　群势的测算是以蜂群内蜜蜂数、蜜蜂幼虫数、蜜蜂寿命为基础测算的。如某蜂群，3月5日检查时有蜜蜂10 000只（约4框蜂），蜜蜂幼虫2框（其中卵0.2框、幼虫0.4框、蛹1.4框），20天后将有新蜜蜂2×6 400＝12 800（只），加上原有蜜蜂存活数，根据活动季节蜜蜂存活天数35～42天，此处按42天计算，20天后减少一半剩5 000只，那么3月25日蜂群全部蜜蜂数将达到12 800＋5 000＝17 800（只），约7框多蜂。如果将卵、幼虫、蛹发育期满的蜂数分开计算，再加上届时的蜜蜂存活数，可以进行更精确的估算。一般在生产中常用更粗略的估算，1框蜜蜂幼虫折算为日后的3框蜜蜂。

五、插础造脾

修造巢脾是蜜蜂的本能，尤其是中蜂，喜欢新脾，厌恶旧脾，中蜂蜂王也喜欢在新脾上产卵，所以饲养中蜂需年年更换旧脾。因此，抓紧有利的时机修造新脾更换旧脾，是饲养好中蜂的关键。

（一）造脾前的准备

在准备造脾的2～3天前，将蜂群内无子、少子或蜜蜂啃咬严重的旧脾抽出放置于隔板外，使群内蜜蜂密集（蜂多于脾）；傍晚对造脾蜂群实施奖励饲喂，促使蜜蜂泌蜡造脾。抽出的旧脾待蜜蜂清理干净后，化蜡保存。

（二）造脾最适时期

蜜蜂大量采粉，巢脾上出现粉圈，巢框上梁表面发白（出现蜡点），或出现蜡瘤、赘脾（正常情况下，蜜蜂是按照巢础修造巢脾，当蜂群繁殖期到来，原巢脾不敷使用，而蜂箱内又没有新巢础时，就会在旧巢脾框梁上建造新的巢房，称之为"赘脾"，还未成形的，称为"蜡瘤"）；蜜蜂开始在旧巢脾下添造新巢房时，是插础造脾的信号。

（三）造脾方法

1. 加础造脾　蜂群出现造脾信号后可插入巢础框造脾。

2. 未满框脾续造　当巢内有不满框巢脾时，应密集群势，提供充足饲料，促使蜜蜂将巢脾筑造至满框。将未满框巢脾与它群满框巢脾对调，促进蜜蜂将全场未满框巢脾全造成满框脾。优点：可利用蜂箱空间，增加巢房面积；防止蜂群出现分蜂热时，工蜂在原有巢脾的空处补造雄蜂房；避免因原有巢脾短小造成加础后产生分隔蜂团的不良现象。

3. 接力造脾　在蜂场中，让一些造脾快的蜂群连续不断地造脾，待巢脾修造至六至八成时，即调给造脾慢的蜂群续造完成，原群再加入巢础让蜜蜂继续造脾。

4. 突击造脾　在蜂场中选择若干群势最强的蜂群作

为突击造脾群。在主要流蜜期的傍晚，给各突击造脾群中每群留下 1～2 张带蜜的卵虫脾，将其余巢脾抖干净成年蜂后抽调给其他蜂群。然后一次性加入与调出巢脾数相等的巢础框，并奖励饲喂，可以突击造一批新脾。造成的新脾可以调给其他蜂群使用。优点：利用强群，在短期内迅速造一批新脾。

5. 割旧脾造脾　在蜂场缺乏巢础，而蜂群的造脾愿望又十分强烈时采用这种方法。即利用原来的巢脾，将巢脾中下方黑旧部分切掉，让蜜蜂在留下巢脾的下缘重新修造新的巢脾。缺点：此法造出的巢脾因为没有巢础，故轻薄易碎，不耐运输震动，也常常造脾不完整。因此，蜂场应在造脾适合的季节前备足巢础。

6. 巢础始工条造脾　也是蜂场巢础不足时的一种应急造脾方法。即，将巢础沿横向切成数片，每片宽 30～50 毫米，按正常的上础方法将巢础条装上巢框，加入蜂群，让蜜蜂造脾。缺点同割旧脾造脾。

7. 利用分蜂群造脾　自然分蜂收回的分蜂群有强烈的造脾积极性。因此，可在分蜂群收回后，在蜂箱中多加巢础框，最好与巢脾相间排列。分蜂群进入新居后，马上可以利用自身所携带的蜂蜜泌蜡造脾，而且所造巢脾质量很好。

（四）巢础框加入蜂群的位置

当蜂群中只有 2 张巢脾时，将巢础框加在 2 张巢脾之间（图 3-1）。

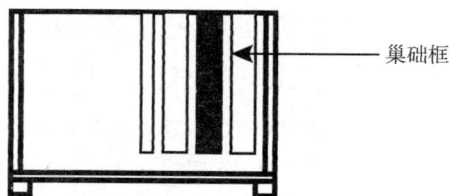

图 3-1 巢础框摆放示意图

当蜂群中有 3 张巢脾时，将靠隔板的 2 张巢脾移开，将巢础框加入其中（图 3-2）。

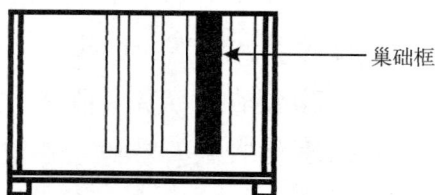

图 3-2 巢础框摆放示意图

当蜂群中有 4 张巢脾时，将原巢脾一边 2 张分开，巢础框加在中间。

当蜂群中有 5 张巢脾时，将其任意分为一边 2 张，一边 3 张，巢础框加入其中即可。

（五）加础造脾注意事项

一般情况下每群蜂每次加 1 个巢础框，第二个巢础框应在第一个巢础框基本造好后再加入；造脾时巢础框两侧蜂路缩小至 5 毫米，脾基本造好后恢复原蜂路；非流蜜期每晚要对造脾蜂群奖励饲喂；对造脾偏向的巢脾或巢础框要适当调转方向；早春、初秋遇到寒流时，暂

不加础造脾，以利于蜂群保温。

六、培育适龄采集蜂

取蜜是饲养蜜蜂的主要目的。可是如果饲养的蜂群与外界蜜源植物开花的花期不吻合，外界花盛开，而蜂群群势太小，劳动力严重不足，蜂蜜产量低；到了蜂群强壮、劳动力充足时，外界又无蜜可采，这样养蜂的效率就低，而成本相对就高。为了使蜂群群势与外界蜜源植物开花相吻合，可以采取人为控制的方法，在适当的时间促进蜂群繁殖，以便在大流蜜期到来时，蜂群群势达到最大，而且工蜂有最大量的适龄采集蜂（日龄在18天左右）。

1. 了解蜜源花期 对当地能采集商品蜜的蜜源植物的种类和开花时间、花期长短要心中有数。要想获得蜂蜜高产，一定要做有心人，仔细观察、纪录各种蜜源的开花泌蜜的特性，以确定所采集植物的流蜜期。

2. 培育时间 培育大量适龄采集蜂要考虑3个方面的时间：①工蜂从卵到羽化出房的发育历期（N）20天；②工蜂羽化后至开始采集需要的时间（M）18天；③积累采集蜂的时间（D）7天。

培育大量的采集蜂需要的时间为（S）：

$$S=N+M+D$$
$$=20+18+7$$
$$=45（天）$$

因此，培育大量适龄采集蜂须在流蜜期前 45 天开始。具体做法为：在预测的盛花期前 45 天，每天傍晚开始在蜂群中进行奖励饲喂，当蜂王开始产卵后，喂足花粉，在人为控制下，诱导蜜蜂进入快速繁殖期。若是在早春，由于外界气温较低，应加强蜂群的保温，提高巢温，促进蜂王产卵。

七、蜂群合并

在中蜂的饲养管理过程中，为保持全场蜂群群势的基本一致，有利于方便管理，经常会采用合并蜂群的技术措施，将两个弱群合并成强群。但蜂群的合并不能简单地将两群蜂一并了之，需要一定的程序，否则将引起两群蜜蜂斗杀。

不同蜂群的群味是不一样的，这是蜂群合并的最大障碍。蜂群的群味是由蜂体气味、粉蜜气味、蜂箱气味、子脾气味混合构成；蜜蜂警觉性也会给合并造成困难。中蜂在缺蜜季节和白天警觉性高，流蜜期由于花蜜的气味掩盖了群味，蜂群又忙于采集，夜间中蜂警觉性低，无盗蜂现象。所以，可以选择流蜜期或夜间进行蜂群的合并。

（一）合并原则

弱群并入强群；无王群并入有王群；较大蜂群应拆散并入他群；病群不得并入健康群。

（二）合并方法

1. 直接合并　适用于流蜜期合并蜂群。于夜间，将相对弱群的蜂王提出，囚禁于囚王笼内，向蜂群喷些稀薄的糖浆，在箱底或框梁滴数十滴的白酒，然后将工蜂带子脾直接加入另一蜂群中，两群蜂合并后，再向蜂箱内喷一些烟。因在囚王笼内的蜂王暂时不要处理，可寄在蜂群中，待两群蜜蜂安定后再处理掉。蜂群合并安定后可抽掉无子、无蜜的空脾，使蜜蜂相对密集。

2. 间接合并　适用于非流蜜期，以及失王过久、巢内老蜂多而子脾少的蜂群合并。常用的方法有：

（1）铁纱间隔合并法　被合并群和接受群蜜蜂不接触，但气味相通，待群味混合后撤下铁纱，合2群成1群。具体做法为：取一继箱，将要被合并的蜂群置于继箱内，在底箱与继箱之间放置铁纱网副盖（图3-3），或在巢箱内放置铁纱隔板（图3-4），将待合并蜂群放置在隔板外，放置3～5小时，待两群蜜蜂均安静后，撤去铁纱隔板，使两群蜂并为一群。

（2）报纸间隔合并法　此法类似铁纱间隔合并法，只是将铁纱改为报纸，并在报纸上钻一些蜜蜂钻不过去的小孔，被合并群和接受群蜜蜂起初不接触，但气味相通，待蜜蜂咬穿报纸时群味已混合，蜜蜂自行穿过报纸，合2群成1群。

3. 注意事项

（1）若2个合并的蜂群相距较远，则应在合并之前，

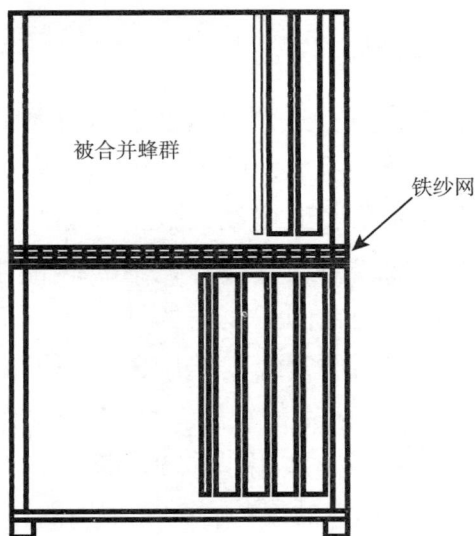

图 3-3 继箱间接合并

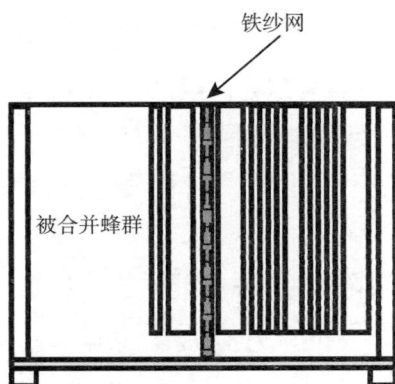

图 3-4 底箱间接合并

采用渐移法（每日移动 1 米左右）使两群蜂箱位靠近，直至紧贴在一起。

（2）如果合并的2个蜂群均有蜂王存在，保留其中品质较好的蜂王，在合并前1～2天将被合并群蜂王提出另外囚禁，让被合并群"失王"，以提高合并成功率。

（3）在蜂群合并的前半天，应彻底检查、毁弃无王群中的改造王台。

（4）在缺蜜季节合并时，待合并的蜂群都要有饲料。

（5）中蜂合并常常会发生围王现象，为了保证蜂群合并时蜂王的安全，应先将留用蜂王暂时关入囚王笼内保护起来，待蜂群合并成功后（工蜂活动正常，对蜂王饲喂也正常）再释放。

（6）合并蜂群时要防止盗蜂。

八、人工育王

（一）育王的条件

第一，丰富的蜜粉源。外界蜜粉源植物开花，有40天左右的花期，能给蜂群提供充足的新鲜饲料，刺激蜂王产卵，提高工蜂哺育的积极性。

第二，温暖而稳定的气候。气温回暖，能保持20℃以上稳定的温度条件。

第三，大量适龄健壮的雄蜂。在前文已经谈到，蜂群自然繁殖时，雄蜂的出现要早于处女王，所以在人工育王中，也要先培育雄蜂。一般在计划移虫育王前第24天开始培育雄蜂。培育雄蜂的方法为：选择强群，适度

紧脾，促使其产生分蜂热，此时蜂群培育雄蜂积极性高，工蜂会促使蜂王在雄蜂房中产大量的未受精卵；雄蜂幼虫孵化后，应保证蜂群充足的蜜粉条件，否则不但影响蜂王产未受精卵，也会影响雄蜂幼虫的发育，致使羽化后的雄蜂精液量不足，精子密度下降，不利于处女王顺利交尾。种用雄蜂的数量应足够多，以保证处女王婚飞时，空中雄蜂数量的优势，使处女王顺利交尾。一般春季育王，雄蜂数量与处女王数量的比例为 100：1；秋季育王，比例为 200：1。

第四，强大的群势。蜂群中的幼蜂越多，越有利于蜂王的培育。大量 6～8 天的适龄哺育蜂，是育王群的基本要求。

（二）种用蜂群的选择

1. 采集能力强 采集能力是蜂群产量的基础，善于采集的蜂群是选择母群、父群的对象。

2. 群势强、分蜂性弱 我国地域广阔，不同地方品种的中蜂性状、个体大小、群势大小也有差异。一般地，北方中蜂群势大于南方。所以，选择种用以当地的相对大的群势为标准。华南各省选择最大能够维持 7～8 框的蜂群；长江流域选择最大能维持 10～12 框的蜂群；黄河流域及以北选择能维持最大维持 12～14 框蜂的蜂群，同时要求迁飞性弱、性情温驯、护脾能力强。

3. 抗中蜂囊状幼虫病的能力强 选择发病期群内无病虫，或病虫少于 5‰的蜂群。

4. 体大口喙长 在选择育王群时，应选择个体大口喙长的蜂群，在江南地区选择口喙长大于 5.3 毫米的、长江以北选择大于 5.4 毫米的；体大以巢房的对边距来衡量，巢房大的蜂群其工蜂的躯体也大，说明蜂王的性状优良。若巢房对边距大于 5 毫米（图 3-5），则说明该群中蜂体大。

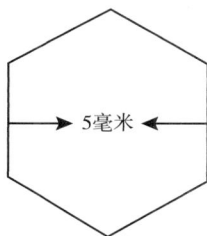

图 3-5　巢房对边距示意图

（三）育王群组织

1. 育王群选择 选择有分蜂热或自然交替倾向的健康强群作为育王群。群势 6 框以上，且有大量 6～8 日龄的适龄泌浆蜂。若是有王群，蜂王年龄要在 1 年以上。

2. 育王群组织方法 在移虫育王的前一天组织育王群。取一空箱，用框式隔王板隔成两室，在蜂箱一边隔出摆两框巢脾的区域作为繁殖区，另一边作为育王区（图 3-6）。在繁殖区带蜂王放入 2 张巢脾，一张空脾给蜂王产卵，另一张为蜜粉充足的封盖子脾；育王区无蜂王，放 4 张巢脾，中间 2 张为卵虫脾，边上 2 张是蜜粉充足的封盖子脾，将育王框加在卵虫脾的中间。

3. 育王群蜂脾关系 以蜂多于脾为好，一般蜂脾比为 1：0.8，育王群群势不足时，应提前 6～7 天补进老熟的封盖子脾，以增强群势。当群内巢脾过多时应适当抽出卵虫脾，以密集蜂群和减少蜂群哺育幼虫的负担。当

育王框　　　　　框式隔王板

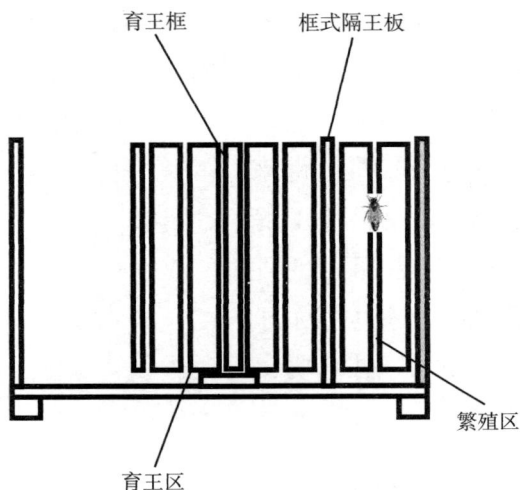

繁殖区

育王区

图 3-6　育王群组织示意图

采用无王群培育蜂王时，在组织育王群时就应将蜂王移去或用囚王笼囚禁后置于箱内后部底板上。

（四）人工育王操作方法

1. 自然王台的利用

（1）将有较多分蜂台的巢脾提出，将原来王台中的卵、幼虫钳掉，加入选择好育王的蜂群中，育王群抽调部分巢脾，人为地造成群势拥挤，促进育王群产生分蜂热，让蜂王在自然王台中产卵，育出新王。

（2）也可以采取选留自然王台的方法。选好母群，注意王台的封盖时期，在处女王出台前 1～2 天，割取成熟的王台直接诱入需要换王的蜂群。

利用自然王台的好处是，自然王台中发育的蜂王，

从卵的孵化、幼虫的生长发育、蛹的变态直至处女王的羽化出房，一直保持安定，未受扰动，环境也相对稳定。发育出的蜂王体健、个大，交尾的成功率也高；同时，操作简单、快捷、难度低，缺点是不能按蜂场需求有目的地、大批地生产优质蜂王。

2. 人工移虫育王 是目前养蜂生产上常用的效果较好的方法，目的性强、效果好，能同时大批生产优质蜂王。其具体步骤为：

（1）**蘸制台基** 按第二章介绍的蜡盏制作的方法蘸制台基。

（2）**粘装台基** 台基制作好后，置于清洁的容器内备用。取育王框，将台基条转动至水平位置，将台基底部用熔化的蜂蜡粘上一片薄铝片（可用易拉罐剪制，面积比王台直径稍大），再用熔化的蜂蜡均匀、垂直地粘在台基条上，为保证育王质量，一个台基条一般间隔30毫米粘上一个台基，每个台基条安装7～10个台基，然后将台基条转回原位，让台基的台口垂直向下（图3-7）。台基底部蜂蜡可粘厚一点，一方面使粘接牢固，另一方面割取成熟王台时不会将王台底部损坏。粘好后，可稍微敲打育王框，以台基不脱落为准。接着将粘好台基的育王框加入育王群，让蜜蜂修整1.5～2小时，修至台口略显收口即可提出移虫。台基在蜂群中的修整时间不宜太长，否则蜜蜂会将空台基的蜡啃光。

（3）**移虫** 最好在温暖的室内进行（20～30℃），若在室外，则应选在晴暖无风的天气进行，并避免直射

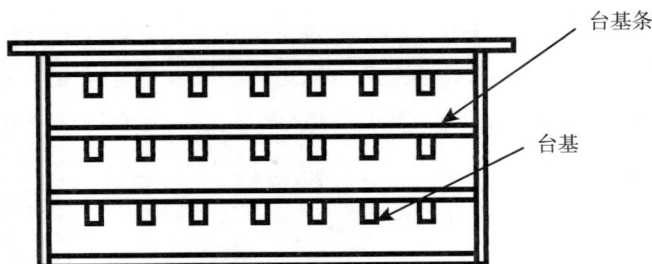

图 3-7　粘好台基的育王框示意图

阳光照射。从选择好的母群提出小幼虫脾，从育王群提出修整好的育王框，挑选 18～24 小时的巢房底部王浆充足的小幼虫，用移虫针的针舌沿巢房壁插入房底，使舌端位于巢房底与幼虫之间，然后移虫针沿原路退回，舌端即将幼虫托带出来。将幼虫立即送入空台基中部，然后压下移虫针的推杆，将幼虫置于台基底部，退出移虫针。移虫过程中，应保持幼虫浮在王浆面上的自然状态。

　　为提高移虫的接收率和处女王的质量，育王可采取复式移虫的方法。在移虫的前 1 天，从一般的幼虫脾上，选取 1～1.5 日龄的幼虫按上述方法进行第一次移虫，移虫后将育王框放入哺育群中，1 天后取出。用 70%酒精消毒过的镊子将幼虫夹出，留下台基中的王浆，不得夹破虫体。随即将母群的 18～24 小时的小幼虫移入夹出幼虫后空出的台基原来幼虫的位置。立即将育王框放回哺育群，让台基中幼虫正常发育为处女王。复式移虫方法培育的处女王发育健壮。待王台封盖后，就开始准备处女王的交尾，饲养蜂群多的蜂场常特别组织交尾群进

行处女王的交尾。

3. 交尾群的组织

（1）采用代用交尾箱组织交尾群　一般家庭饲养中
华蜜蜂无须准备专用的交尾箱，可用普通蜂箱稍加改造
后成为代用交尾箱蜂（图3-8）。就是将普通的饲养用蜂
箱用隔堵板分隔成为2～4个小室，各开巢门，组成小
群。优点是不必制作特殊的巢脾与交尾箱，处女王一旦
交尾成功，可直接补入巢脾和蜜蜂组成强群；缺点是空
间大，群势小，保温较差。其组织方法为：

在诱入王台的前1天（移虫后的第9天）午后14～
16时之间，从各个强群带蜂提出成熟的蜂盖子脾（脾上
蜜粉足），每个小室中放置2～3张巢脾，交尾群群势要
尽可能密集，保持18～24小时的无王期后，进行王台
诱入，组成交尾群。在诱入王台前，要仔细检查，保证

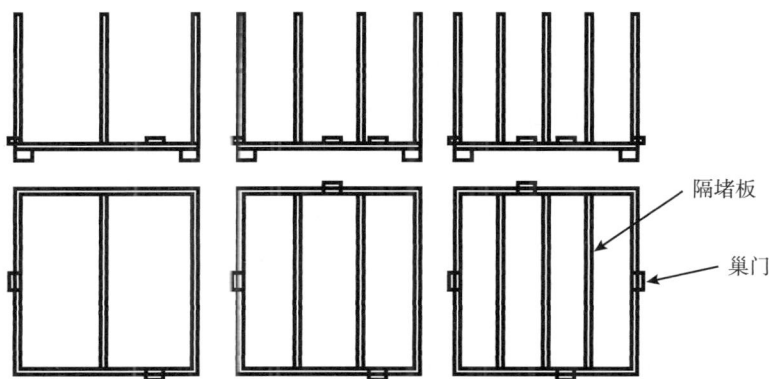

图 3-8　代用交尾箱示意图

（上排为正视图，下排为俯视图）

诱入群无蜂王，并彻底清除巢脾上的王台（图3-9）。

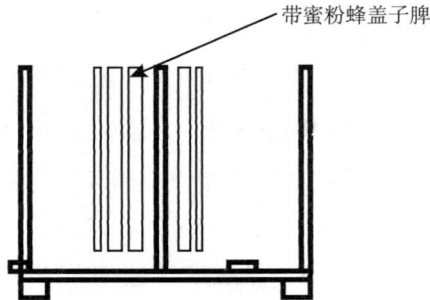

图 3-9   交尾群放脾示意图

　　交尾群最好离开饲养场另觅地点设置，蜂群拆分重组后不出现回蜂（成年蜂飞回原群），容易保持交尾群的群势；若在原场组织交尾群，要注意观察交尾群中成年蜂的回蜂情况，一旦发现交尾群回蜂严重，应及时从其他强群抽调幼年蜂补足，但处女王出台后就不能进行补蜂，以免发生围王。为防止回蜂，应尽量抽取刚出房的幼年工蜂组织交尾群。

　　（2）原群组织交尾群

　　①原群直接组织交尾群　　诱入王台前1天，将原群蜂王弃掉；或关在囚王笼中置于箱内后部底板上，待新王交尾成功产卵后将老王弃掉，这种做法较为稳妥。

　　②原群隔小区组织交尾群　　诱入王台前1天用隔堵板隔出放置1～2框巢脾的小室，作为交尾区，将原群的带蜜粉的成熟封盖子脾移入交尾区，诱入王台前10天左右开设侧巢门，供交尾区工蜂出入（图3-10）。

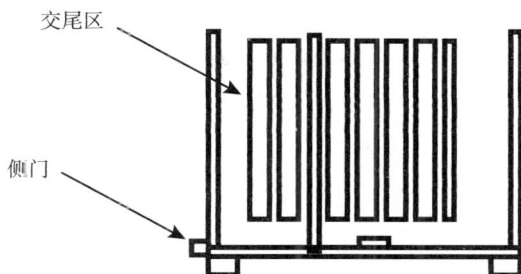

图 3-10 原群隔小区组织交尾群示意图

（3）**台基条上成熟王台的割取与诱入** 一般在移虫后的第 10 天割取王台，从育王框割取王台时切忌抖蜂，以防损伤台内的处女王，可用蜂刷刷去育王框上的工蜂。用美工刀沿台基条与薄铝片之间将王台割下，在割取王台的过程中应时刻保持王台的垂直状态，不得侧放，更不能倒置。为了防止王台诱入交尾群后遭到破坏，可用香烟锡箔纸包裹王台，只留出台口。然后在两张巢脾相向的一面用手指压陷一些巢房，将待诱入台直接嵌入，并将两张脾靠紧一些，使王台台口离另一巢脾脾面 5 毫米即可（图 3-11）。

（4）**一群两王** 从王台诱入到新王产卵，一般需 12～15 天，为提高交尾群的利用效率，在短期内获得更多的新王，可采用一群两王的方式。即在一只处女王正常交尾的同时，将另一只成熟的王台或处女王用囚王笼囚禁后，诱入交尾群；当前一只处女王正常产卵后，即将其提出，诱入其他需更换蜂王的蜂群，然后放出囚王笼内的处女王，同时在囚王笼内再关入一只成熟王台或处女王，

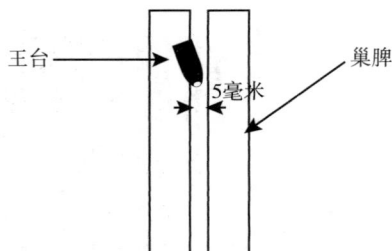

图 3-11　王台诱入示意图

直至全场换王结束。这样可大大缩短人工育王的周期，但在管理上应采用从其他蜂群调入带蜜粉封盖子脾的方法保持交尾群内充足的蜜粉储备和充足的哺育蜂的数量。

3. 交尾群管理　管理要点为保证处女王出台前后的正常发育和尽快地顺利交尾产卵。

（1）及时检查蜂群和蜂王情况　诱入前 1 天检查交尾群有无王台或蜂王以及蜂、子、蜜、粉等情况；诱入后 1～2 天，检查王台的接受情况，是否被破坏，出房处女王是否正常，处女王出房后立即取出空王台，防止处女王再次钻入而致死；处女王出台后 5～10 天检查处女王是否交尾成功和产卵情况，此阶段检查应在下午 5 时左右进行，以避开处女王婚飞时段；12～15 天检查新王的产卵情况，若外界气候、蜜粉源、雄蜂条件均正常，而新王产卵不正常，应及时将该王置换；新王产卵 3～5 天后，即可将交尾群拆分，回归正常箱体饲养，或将新王诱入其他蜂群更替老王。将新王长期饲养在空间狭小的交尾群中会因产卵空间不足而导致腹部收缩，影响卵巢正常发育，增加诱王难度。检查多室交尾群时应用覆

布盖住同箱其他交尾群，避免同箱处女王误入他群造成损失和惊扰同箱其他交尾群；

（2）管理要点

第一，尽可能利用地形地势，分散排列交尾群，以便处女王和工蜂认巢。

第二，交尾群由于群势较小，要注意缩小巢门，巢门大小以方便进出1～2只蜜蜂为宜，新王产卵后，在巢门口加隔王栅片，防止其他处女王交尾回巢时错投而发生两王相斗，造成损失，同时也可防止蜂群逃群。

第三，处女王交尾期或新王产卵期，若外界蜜粉源不足，应进行奖励饲喂或补充饲喂，但应注意防止盗蜂，由于群势小，又是蜂群周年管理的关键时期，所以一切可能引起盗蜂的因素都要严加控制，若不慎发生盗蜂，立即采取措施控制。

第四，交尾期蜂群调节巢温的能力较弱，在气候较寒冷时注意保温、气候较炎热时注意遮阴、通风、降温；

第五，交尾群群势小，经不起病、虫、敌害的侵袭，所以在管理上更应精心预防病害的发生，若发生胡蜂侵害应及时处理。

九、蜂群的人工分蜂

分蜂是蜂群数量增加的唯一方式。在人工饲养条件下分蜂的形式有自然分蜂和人工分蜂两种方式。自然分蜂是蜂群根据外界自然环境情况结合群内情况自然发生

的蜂群分群；人工分蜂是饲养者根据外界气候、蜜源和分群状况，有计划地人为将一群蜂分为两个乃至几个蜂群的过程。人工分蜂是养蜂人增加养蜂生产规模的主要方式，其主要的方法有：

（一）平均分配法

该法是养蜂生产上常用的一种方法。其做法简单，就是将原蜂群中的蜜蜂、各类蜜蜂幼虫、巢脾一分为二。两群中一群用老蜂王，另一群用新产卵王。如果在分群时，两群都用新产卵王，对两个新分群十分有利。具体操作方法如下。

将蜂箱从原位向一侧移开约半个蜂箱的位置，空出的位置上紧靠原蜂箱壁放置另一个蜂箱，将原群中一半的子脾、蜜蜂提到空箱中，蜂王留在原群。第二天在分出群中诱入一只新产卵王；若有足够的新王，则可在进行分群的前一天将老蜂王取出，第二天将蜂群一分为二的同时分别诱入一只新产卵王。移动原蜂群的位置很重要，摆放另一个蜂箱后，两箱蜂的巢门要均匀地分布在原蜂箱的两侧，这样外勤蜂出勤回巢才会均匀，不会造成偏集，否则对蜂少的一群箱内保温、哺育不利。

该法的优点是，一次分蜂数量多，蜂群数量成倍增加。缺点是，蜂群群势、生产能力下降，需较长时间才能恢复；不能在分出群中诱入王台，从王台到新王产卵，正常要 10 天左右，分出群中的内勤蜂劳动力闲置，造成浪费。所以，这种方法不适宜在生产季节采用。

（二）强弱分群法

该法是生产上采用最多的人工分蜂方法。其是将原群分为强弱的两群，老蜂王留在原群（强群），分出群（弱群）诱入新蜂王。具体做法如下。

在蜂场离原群较远的位置上摆放空蜂箱，从要分蜂的蜂群内提出带幼蜂的子脾2～3框，次日诱入新王；若分蜂后的第二天有老蜂回原群，可继续将原群的幼蜂抖入分出群，子脾放回原群。分蜂后可以利用全场的强群加快弱群的发展，可从任一强群中提出将要出房的封盖子加入弱群，有的可同时带一些幼蜂（要少量试验后进行，有时会出现围王现象），对分出群发展更有利。

这种分蜂方法对控制分蜂热的强群最适宜，既控制了强群分蜂热的产生，又使蜂王的旺盛产卵力得以保持，对蜂群培育适龄采集蜂十分有利；同时也增加了新蜂群。缺点是，如果全场分出的弱群太多，都要靠强群调子脾补蜂，对强群发展不利，若外界蜜粉源较缺，弱群的守卫能力差，易发生盗蜂。所以，采用此法时，外界蜜粉源应满足蜂群繁殖所需，蜂群群势强、有分蜂热的预兆、距大流蜜期还有较充裕培育适龄采集蜂的时间。

（三）混合分群法

该法是从不同的强群中分别提出若干封盖子脾组成新蜂群的方法。将全场的强群可提出的子脾做统一的计划，这样既不影响群势，又可以增加蜂群。具体做法如下。

在蜂场的适当位置，按计划的分蜂数量，摆好空箱。从不同的强群中提出封盖子脾（带蜜、粉）放入空箱中，同时带幼蜂，要保证分出群蜂多于脾，因为第二天部分外勤蜂就回归原群了。在分蜂后第二天可诱入新产卵王。若新分出群出现蜂少于脾的现象时，可从强群调幼蜂补充。

这种方法的优点是，全场的强群共同组成、补充新分出群，分出群在各强群的支持下，发展迅速，很快就能投入生产，同时随时根据强群的情况提出封盖子补充弱群，又抑制了强群的分蜂热，保证了强群旺盛的繁殖力，既增加了蜂群数，又保证了生产能力。缺点是新增蜂群数量少，蜂场发展慢。

（四）利用交尾群分群法

一般的蜂场都自己育新王，组织交尾群。完成新王的交尾后，育王工作结束，届时交尾群合并回蜂群或多个交尾群合并成新蜂群。为了保证新产卵王的数量与质量，育王数量一般会多于蜂场实际需要数量，以供换王时选择，也可储备用于蜂场应急，如意外失王。为了增加蜂群数量，可以在培育越冬蜂前，抽取强群中快出房的封盖子补充交尾群，形成新蜂群，交尾群中的产卵王留用，如果在培育越冬蜂时，群势能赶上其他蜂群，这样的交尾群就成为独立的新蜂群。优点是不影响生产，但交尾群剩余数量通常不多。

以上四种分蜂的方法，实际生产中应灵活运用，根

据蜂场、蜂群、外界蜜粉源、季节等实际情况，同时采用几种方法分蜂，原则就是在保证蜂群发展、不影响生产的前提下，又多又快地增加蜂群数量，扩大蜂场规模。

　　新蜂群刚组成时，多半群势小、采集能力差，易被盗。因此在管理上一定要补足饲料，流蜜期可从强群调蜜多的子脾，缺蜜期则应在傍晚补充饲喂；新分出群摆放时远离强群，缩小巢门，防止盗蜂；因蜂数少，气温较低时要加强保温；可能的情况下，尽快用强群将弱群补成强群。

十、蜂王或王台的诱入（换王）

　　前文已多次讲到了蜂群的新蜂王诱入技术，如果不做一定的处理，贸然将一只新蜂王放入蜂群，就会发生蜂群内工蜂围杀新蜂王的现象（围王）。下面介绍如何将一只新蜂王安全地诱入（或称介绍）蜂群。

（一）换王时期

　　1. 常规换王　1 年换 1 次王，一般在春季 3～4 月份。1 年换 2 次王，可在春季 3～4 月份 1 次，秋季 10～11 月份再换 1 次。

　　2. 结合蜂群断子治病换王　囊状幼虫病高峰期，用王台换王，使蜂群有 20 天的断子期，阻断寄主，有利于病害的治疗。

　　3. 结合采蜜期新王采蜜换王　在流蜜期前 15 天，

将原群蜂王除去或囚禁，诱入王台换王，可使蜂群有一个短暂的无子期，蜂群无哺育负担，可提高产量。

（二）储养新王

在一个管理有方的蜂场，平时应有一些储备的蜂王，以备不时之需，这样可以随时更换老劣、伤残蜂王及应付意外失王等，以保证蜂场生产的正常进行。储养蜂王要掌握一定的方法。

1. 室内储养　蜂王交尾成功后，囚禁于带有炼糖的铁纱网制成的囚王笼内，保持室温 24～27℃，空气相对湿度 60%～70%，室内无风、无直射阳光。每天将清水滴在纱网上，给蜂王喂水，并保持笼的湿润，这样可在短期内储养蜂王。或将蜂王储养在特制的蜂王储养盒内，盒内安放一块 200～300 克的小蜜脾，随时向盒内补充蜜蜂，让蜜蜂饲喂蜂王，可储养蜂王 3 个月左右。

2. 蜂群内储养　利用蜂群长时间的储养蜂王，蜂群中有无蜂王均可。为了方便储养，一般用无王群，直接将囚王笼置于虫卵脾的中间。有王群的储养方法：用隔王板将蜂群隔出两个区，待储养的蜂王养在无王区，囚王笼的两侧各摆幼虫脾，保证巢温，也吸引工蜂饲喂储养的蜂王。可将多个囚王笼储养在一群蜂中。

（三）诱入新王

就是将蜂王安全地送入一个无王群中，保证蜂群内的工蜂顺利接受新蜂王，并让新蜂王能够正常生活、产

卵。诱入蜂王的方法分为直接诱入法和间接诱入法。

1. 直接诱入法　是直接将蜂王放入无王群中，操作简便，但要有一定的条件，必须是蜂群刚失王，或换王时采用，否则极易发生围王现象。具体做法有下面几种：

（1）诱入前，将待诱入蜂王从交尾群或储养群中提出，使其饥饿2小时，然后在其身上涂抹少许蜂蜜或蜂王浆后打开蜂箱，将蜂王放在中间巢脾的上框梁处，让蜂王自行爬入。工蜂发现蜂王后立即清理蜂王体表的蜂蜜和蜂王浆，气味逐渐融合，工蜂接受新王；蜂王则由于饥饿，进入新巢后急于寻找食物，对陌生环境无暇顾及，对工蜂接受十分有利。

（2）将待诱入蜂王与少量幼蜂一同提出，放入诱入群的隔板外，等隔板两侧蜜蜂安静时，合并到一起即可，类似于蜂群合并。

（3）将新蜂王涂抹蜂蜜或蜂王浆后，放在巢门口，让其自行爬入，然后向巢内喷少许烟雾，使巢内工蜂混乱，转移蜂群注意力，有助于蜂群接受新王。

（4）人工分群时，待分出群的老蜂回原群、少量新蜂出房后，直接将新蜂王放入蜂群即可。

（5）王台的诱入则较为简单，蜂群失王后，取一较为成熟的王台（下端的蜡盖部分已经被工蜂咬去但茧尚未咬开），注意王台不得有任何损坏，将王台嵌入蜂群中央巢脾的中部，略放宽与王台相邻的蜂路，不要挤伤王台，待蜂王出房交尾即可（详见本章"八、人工育王"相关内容）。

2. 间接诱入法　在外界缺乏蜜粉源、蜂群警戒性高、蜂群长期失王但未出现工蜂产卵的蜂群较难诱入蜂王时采用此法。一般使用诱入器，让群内工蜂慢慢接受新王，又不至于围王。具体做法如下。

将蜂王连同几只幼蜂关在囚王笼中，吊在需要诱入蜂王蜂群的巢脾中央。过1~2天检查，若囚王笼外的工蜂松散、分布均匀，有的工蜂已经开始舔舐、饲喂新王，即可放出蜂王，让其自由活动；若发现许多工蜂围着囚王笼嘶叫，表明其没有接受新王仍有攻击的意图，不能放出新王。

如果蜂群失王超过10天，原群内老蜂多，在诱蜂王前1~2天给蜂群加入1~2张幼虫脾，可提高蜂王的接受率；若发生工蜂产卵，不能诱入蜂王，可诱入成熟王台，待新蜂王出房，然后加入1~2张幼虫脾；如果蜂王长期不被接受，则应在彻底检查蜂群后，除掉王台与其他蜂群合并。

3. 蜂王诱入注意事项　诱入蜂王前1天要将原群的老王提出或将王台除尽，蜂群喂足饲料；蜂王诱入应在傍晚进行，以防诱入时蜂王起飞；新王诱入后不要随便开箱或震动蜂群，可通过箱外观察判断诱入的蜂王是否被围王。如果蜜蜂安定，进出蜂场正常，巢门口没有蜜蜂来回乱爬，表明诱入成功。几日后检查巢房，如果其内有卵，说明新王已正常生活、产卵，不一定非得找到蜂王。如果在诱入蜂王时蜂王起飞，应保持箱盖的敞开，不得盖上，蜂王还会飞回；如果盖上箱盖，蜂王会错投到

其他蜂群，被工蜂杀死。

4. 围王的解救　蜂群诱入新王后尽量少开箱检查，以免发生围王。新王诱入（特别是直接诱入）后，若发现巢门口蜜蜂混乱，工蜂活动不正常，甚至有死蜂出现，表明可能发生围王，应立即开箱，对围住蜂王的蜂团喷烟或喷蜜水，也可准备一盆温水（40℃左右），将蜂团轻轻放入。对救出的蜂王仔细检查，若已经受伤，肢体受损，则不必保留；若肢体完整、行动矫捷，可关入囚王笼，采用间接诱入法诱入，直至被蜂群成功接受，再行放出。

十一、控制蜂脾关系

蜂脾关系是指蜂群中巢脾数量与蜜蜂数量的比例。中蜂1足框（中蜂标准箱巢框）约为2 500只，即一张巢脾两面均被蜜蜂布满为一足框蜂。蜂脾关系是蜜蜂适应自然的一种生存方式。中蜂在长期的自然进化过程中形成了固有的蜂脾关系，但在不同阶段，其蜂脾比例是不同的。在自然蜂巢或传统蜂桶里饲养的中蜂，巢脾一旦造成就是固定的，蜜蜂只能被动适应，而在蜂箱中的活框饲养条件下，可以根据蜜蜂群势的变化，灵活调整巢脾数量，以满足中蜂不同生活阶段所需要的蜂脾比例。蜂脾关系有：蜂多于脾，指的是蜂巢内的蜜蜂布满所有巢脾后还有蜜蜂多余；蜂脾相称，指的是蜂巢内的蜜蜂正好布满所有巢脾；蜂少于脾，指的是蜂巢内的蜜蜂不够布满所有巢脾。

（一）蜂群繁殖期的蜂脾关系

早期蜂多于脾，因为在蜂群刚进入繁殖期时，一般群势较小，蜂王产卵后，稀少的蜜蜂对蜂巢保温和幼虫的饲喂均不利。所以，在这个时期，应该蜂多于脾，使得蜂巢内蜂群拥挤，有利于保温和饲喂。到了繁殖中期，有部分早期的幼蜂已经出房，大量的幼虫也已化蛹，蜂群群势开始增长，此时保持蜂脾相称即可，或蜂略多于脾。

（二）蜜源流蜜期的蜂脾关系

流蜜前和流蜜初期蜂略多于脾，流蜜期脾略多于蜂或蜂脾相称，流蜜后期蜂多于脾。

根据中蜂的生物学特性，以及长期的饲养管理经验，中蜂喜欢密集，常年保持蜂巢内蜂略多于脾，是养好中蜂的要点。春季，较多的蜜蜂有利于维持群温与饲喂幼虫；夏秋季，较多的蜜蜂有利于蜂群扇风降温，抵御胡蜂等敌害；冬季，有利于蜂群结团，蜜蜂少运动，节省饲料，保证安全越冬；流蜜期，可使蜂群采集快，蜂蜜成熟早，产量高。同时，蜂略多于脾对蜂群抗病有重要的意义。

十二、盗蜂的判别与处理

中蜂性情比意大利蜜蜂暴躁，特别是在蜜源缺乏和

阴冷的天气更为突出。其原因为：中蜂长期处于自然野生状态，受外界干扰较少，为了维护蜂群的安全，具有较高的警觉性，加上嗅觉灵敏，容易发现异味，常表现出较强的采集欲望和攻击性。所以，中蜂在蜜源缺乏时，其他蜂群的贮蜜就是其掠夺的对象。盗蜂现象一般是强群盗弱群，缺蜜群盗有蜜群，无病群盗有病群。发生盗蜂时，轻者被盗群贮蜜被掠夺一空，引起饥饿；重者引起全场互盗，造成蜜蜂大量死亡，蜂王被围杀，甚至引起全场逃蜂。所以，在日常管理中要注意防止盗蜂。

（一）预防盗蜂发生

防止盗蜂是中蜂饲养管理中的一项主要内容，一旦疏忽大意，会给生产带来严重的损失。管理不当往往是发生盗蜂的主要原因，在中蜂的饲养管理中应做到：

（1）平常检查蜂群时应做到逐群检查，动作要快，时间要短，检查完毕立即盖好箱盖；

（2）饲喂蜂群时，勿使糖浆滴落箱外，万一有洒漏，应用清水冲净或用土掩盖；

（3）抽出的巢脾应立即处理，切勿暴露在外；

（4）在蜜源缺乏时，应适当缩小巢门，仅让 1～2 只蜜蜂能出入，或用圆孔形巢门；

（5）末花期，蜂群内要留有足够的饲料；

（6）平常全场蜂群维持相近群势、蜂群内蜜蜂保持蜂脾相称，以利于蜜蜂防卫；

（7）缺蜜季节少开箱；

（8）及时修补蜂箱缝隙，防止作盗蜂侵入；

（9）当与意大利蜜蜂同场地采蜜时，除与意大利蜜蜂场保持一定距离外，要注意防盗蜂，并应在流蜜后期提前离场。

（二）盗蜂的判别

因管理失误，常引起中蜂的盗蜂，要防止盗蜂，应先学会判别盗蜂。初养中蜂的蜂农往往认为作盗群是蜂场中采集好的蜂群，殊不知盗蜂是蜂场的灾难。要识别盗蜂应注意分清作盗群和被盗群。

1. 作盗蜂　在其他群蜂箱外打转，寻找入侵孔隙的工蜂，其出现在盗蜂发生期。缺蜜时节，蜂箱巢门工蜂进出繁忙的蜂群中，出来的腹部膨大的蜜蜂，表明作盗蜂已改入被盗群。

2. 作盗群　用面粉撒在进出蜂箱的作盗蜂的蜂体上，观察带面粉蜜蜂回归的蜂群即为作盗群。

3. 被盗群　缺蜜时节，蜂箱巢门工蜂进出繁忙，巢门口可见大量抱团厮打的蜜蜂，且进去的蜜蜂腹部小而灵活，出来的蜜蜂腹部膨大的蜂群。

（三）盗蜂的处理

中蜂一旦发生盗蜂应立即采取有效的措施制止，否则会由少数蜂群作盗，迅速蔓延全场，造成全场蜂群互盗，引起大量死蜂或飞逃。

发生盗蜂的初期，可采取以下措施：缩小被盗群和

作盗群的巢门，以加强被盗群的防御能力和造成作盗群蜜蜂进出臭的拥挤；用乱草虚掩被盗群巢门，同时在被盗群巢门外前方空中的飞翔蜂大量喷水、喷烟或投掷沙土驱赶作盗蜂；在巢门附近涂石炭酸、煤油等驱避剂，迷惑盗蜂，使盗蜂找不到巢门；将作盗群的蜂箱离开原地数米，原地放置一空箱，作盗蜂回来后发现原群内蜂王、贮蜜和子脾尽失，盗性力减，待全场蜂群安定后，再将蜂箱迁回原位，将空箱内蜜蜂并回原群。

当全场多群出现盗蜂时或全场互盗发生时，应立即将全场蜂群全部迁到直线距离5千米以外的地方，放置5天后搬回，同时对被盗群补充饲喂（最好直接加入蜜脾）加强管理。所以，在平时就要确定方便运输的临时摆蜂场所，一旦发生盗蜂，立即起运，不至于手足无措。

十三、中蜂逃群的防止和收捕

（一）逃群的原因

1. 食物匮乏　当外界缺少蜜源时，蜂群内缺少食物，蜂群内部分蜜蜂会飞至5千米以外的地方寻找食物，若发现合适的地点，又有蜜源可供采集，就可能发生蜂群飞逃。

2. 群势偏小　蜂群异常断子，常造成蜂群弱小，为维持巢温，需消耗比强群更多的食物，而自身贮蜜又少，再加上防御能力差，当生存受威胁时会举巢迁飞。

3. 病虫敌害 当蜂群有严重的虫害、敌害如巢虫、胡蜂侵害而无法抵御，会发生飞逃；中蜂容易感染欧洲幼虫腐臭病和中蜂囊状幼虫病，当病情严重时，大量虫尸无法清除，蜂群便弃巢飞逃。

4. 发生严重盗蜂 当蜂群被意大利蜜蜂或被其他中蜂群作盗严重时，由于贮蜜被掠夺一空，蜂群极度饥饿，会发生飞逃。

5. 外界严重刺激 如化学药剂的异味、工厂废气、烟雾、连续的阴雨天气、人为的惊扰等外界刺激，使得蜂群的正常生活秩序被干扰引起飞逃。

（二）逃群的处理

蜂群的飞逃是有先兆的，如蜂王腹部变小、异常停卵，工蜂采集不正常等。蜂群飞逃的时间一般在午后，久雨初晴后的 1～2 天最易发生飞逃。蜂群发生飞逃时应立即采取下列措施。

（1）逃群刚发生，但蜂王未出巢时，立即关闭巢门，待夜间检查和处理（调入卵虫脾和蜜粉脾或补足饲料）；

（2）在蜂箱前注意蜂王的行动，若发现蜂王，用囚王笼将蜂王囚禁，放回原箱，外出的蜜蜂将陆续回来；当蜂王已离巢时，按收捕分蜂团的方法收捕和过箱，捕获的逃群另箱换位置摆放，并分析逃群原因，有针对性地处理，并在 7 天内尽量不打扰蜂群；

（3）及时处理集体逃群形成的"乱蜂团"。所谓"乱

蜂团"，指的是多群蜜蜂飞逃后，聚集成一个大蜂团，蜂团内由于有几只蜂王，不同蜂群间的蜜蜂相互斗殴、围王，若不及时处理，蜜蜂将损失殆尽。其处理方法为：初期关闭逃群巢门，向巢内和巢外蜂团喷水，促其安定；准备若干蜂箱，蜂箱中放入蜜脾和幼虫脾；将收捕的蜜蜂分放入若干个蜂箱中，并在蜂箱中喷洒稀薄香水等来混合群味，以阻止蜜蜂继续斗杀；在收蜂中，在蜂团下方的地面寻找蜂王或围王的小蜂团，解救被围蜂王，分别用囚王笼将蜂王扣在蜂群内的蜜脾上，待蜂王被接受后再释放。收捕的逃群最好应移至2.5千米以外处安置。

（4）防止"冲蜂"。所谓"冲蜂"，指的是蜂群迁飞之后，因蜂王失落，失王蜜蜂投入场内其他蜂群而引起蜜蜂格斗的现象。发现冲蜂应立即关闭被冲击蜂群的巢门，暂移到附近，同时在原地放一个有几框巢脾的空蜂箱。待蜂群收进后，再诱入新蜂王，搬往他处，然后将被冲击群放回原位。

（三）逃群的收捕

一旦发现蜂群飞逃，可采用以下方法将其收回。

1. 促使分蜂群结团　敲击竹筒、铁盆、木片等发出较大的声响，或对飞翔的工蜂群抛撒沙土，促使蜂群在蜂场周边的树枝条、房檐下结团。

2. 收取　待蜂群稳定结团后取一收蜂笼（竹篾编成，内衬棕片），在笼内喷少许稀糖液、蜜液或绑一块巢脾（带幼虫和蜜的最好），将收蜂笼放置在蜂团上方，

可引蜂或驱蜂上笼；蜂群在高险处结团时，可敲击震动驱散蜂团，让其再结团捕之；对于细枝上的蜂团，可连枝带蜂剪下，抖入蜂箱；或用带蜜蜂幼虫的巢脾靠在蜂团上，引蜂上脾，然后收捕入箱。

3. 过箱　将收回的分蜂团抖入带有子脾、蜜脾或空脾的蜂箱，有利于蜂群安顿。缩小巢门，及时奖励饲喂，激励蜂群繁殖；避免用巢础框过箱。

十四、中蜂转地饲养的管理

蜂群的转地饲养是将蜂群迁移到别的场地进行繁殖、越夏（冬）或采蜜的饲养方式。在山区由于地理环境、海拔高度等差异，即使同一种植物其开花的时间也有一定的先后，这时可以采取小转地（几十千米以内）的方式，争取更长的采集时间，充分利用蜂群，以获得高产。转地也可使蜂群的越夏（冬）条件得以改善，缩短甚至消除越渡期。所以，掌握中蜂的小转地技术，是充分利用自然资源，获得稳产高产的途径。转地饲养和定地饲养相比，工作安排有其特殊性。

（一）场地选择

选择场地的原则为：蜜源条件好，交通运输方便，摆蜂场地适宜，先规划好各群蜜蜂的摆放位置及巢门方向。

（二）起运前包装

蜂群的运输，不能简单地认为将蜂箱搬上车、起运即算完成。在运输中为防止巢脾损坏（颠簸震动后折断），巢脾晃动互撞压伤（死）蜂王，蜜蜂离脾伤子，在运输前要对蜂群进行包装（装钉）。

1. 装钉时间　在蜂群起运的前 1～2 天，装钉前全面检查蜂群、蜂王情况，全部正常，即可装钉。

2. 巢脾的固定　蜂群的装钉，最重要的就是将巢脾固定住，以免在运输途中晃动。中蜂因为都是短途迁移，固定巢脾的方法较简单。通常使用木质的蜂路卡（又称距离卡），常见的是长×宽×厚为 25～50 毫米×15 毫米×12 毫米的小木条，距一端 5 毫米处钉入一枚 3 分钉（钉入 1/3），用以挂在巢框上梁上。固定方法是：在巢脾与箱壁间、巢脾与巢脾间、巢脾与隔板间的两端各卡入一个卡子，并将巢脾向蜂箱壁一侧推紧，再在最靠隔板的巢脾两端框耳上用铁钉将巢脾与蜂箱框授钉住（注意留出钉头，解除包装时好用钳子拔出），然后将隔板用钉子固定，盖上箱盖即可。如果蜂箱、巢框制作的规格标准，还可以采用更方便的方法：用 13 毫米×13 毫米的硬质橡胶块压在巢脾两端的框耳上，利用副盖的压力固定巢脾，这种方法对蜂箱制作的精确度要求较高，一般较少使用。

（三）蜂群装车

装车应平整，蜂箱间靠紧，巢门朝前，视路况决定装车的层数，路况平整可多叠几层，路况较差，酌情减少（一般 3～5 层），原则就是不能有较大幅度的摇晃，并注意运输途中涵洞、桥梁下的限高。蜂箱装平整后，用粗绳子绑牢。

（四）蜂群运输

运输时间宜短，尽量减轻震动和做好遮光、通风工作，以保持蜂群安定，最好在夜间运输，好处是：蜜蜂不飞翔、气温较低蜂群密集。

（五）安置与拆包装

运达目的地后，立即卸车摆蜂，当晚先向箱内喷一些水；若是关闭巢门运输，则待蜜蜂镇定后，再分批依次开放巢门。第二天早晨观察全场蜜蜂出勤正常后，可开箱拔出钉子，取出蜂路卡收妥，以备下次再用，调整蜂路后，进行日常管理。

（六）蜂群运输注意事项

（1）**防止闷热**　闷热可引起蜜蜂骚动，涌向巢门，影响通风散热，会闷死蜜蜂，甚至溶化巢脾，所以最好在夜间运输蜂群。

（2）**防止剧烈震动**　运输过程中轻微的震动不但不危及蜜蜂，反而促使蜂群附脾，但剧烈的震动会导致蜜蜂离脾，在蜂箱的空处结团，极易压死蜂王，甚至折断巢脾。所以运输途中应匀速慢行，避免紧急刹车，路况

不好时更要降低车速，保持行车平稳，运输途中应注意蜂群反应。

十五、工蜂产卵的判别与处理

中蜂失王时易出现工蜂产卵。当中蜂群失去蜂王，群内又无可供改育成蜂王的工蜂小幼虫或卵时，少数工蜂2～3天后卵巢就会发育，并在工蜂巢房中产下未受精卵。这种卵培育出的成蜂均为雄蜂，且个体较正常雄蜂小，无任何价值。工蜂产卵不是成片有序的，而是东倒西歪，间杂漏产的巢房，卵也不是产在巢房底部中央，到工蜂产卵后期常出现一房数卵的现象（图3-12）。蜂群一旦出现工蜂产卵，秩序大乱，无心采集，若不迅速处理，蜂群必垮无疑。

一旦发现某蜂群巢脾上见不到卵，而其他蜂群中蜂王产卵正常，应仔细查找蜂王，确定失王后，即应及早诱

图3-12 工蜂产卵及脾面

入成熟王台或产卵王，对群内工蜂加以控制。中蜂蜂群一旦发生工蜂产卵，此时再诱入王台或蜂王，其接受率极低，一般的处理方法为：将出现工蜂产卵的蜂群分散合并到有王群，合并时应将工蜂产卵群的蜜蜂放在有王群箱内离隔板远一些的位置，让工蜂慢慢进入接受群。

十六、清洁与消毒

1. 场地 首先要清除蜂场内的垃圾、杂草，固定的摆蜂场地每年冬季薄薄的撒一层生石灰粉进行消毒即可。

2. 蜂 具

（1）金属类 金属类的蜂具，如割蜜盖刀、起刮刀等，使用前可用火焰消毒；摇蜜机可洗净后晒干，使用前用火焰或沸水消毒。

（2）木质类 蜂箱可用起刮刀刮除蜡渣后，用火焰喷灯（使用液化气，可在市场及网上购买）快速燎一下，做表面消毒，注意对蜂箱夹缝处的消毒，应确保火焰烧到；旧巢框可喷湿后置于密闭空间内，燃烧硫黄生烟（用量：5克/米3），烟雾消毒12小时，消毒后充分通风，待无异味后使用。

（3）其他小件蜂具 如移虫针等，使用前可用75%酒精棉球擦拭消毒。

第四章
中蜂流蜜期和越夏、越冬期管理技术

一、采蜜群组织和蜂蜜生产

（一）群势要求

采蜜群势，以不产生分蜂热为度，各地情况不一，一般在5～15框之间并有1只新王，其中3～4框为子、蛹脾，其余为空脾和1～2张巢础框。蜜蜂采集，群势越大产量越高，所以经常临时调整蜜蜂的群势，拆分、合并蜂群，组织大群。

（二）采蜜群组织方法

1. 单三群采蜜群组织法

（1）**补充老熟蛹脾或幼蜂组织法** 在流蜜期前10～15天，从其他蜂群抽调老熟蛹脾或幼蜂补充，增大群势，形成较强的采蜜群。

（2）**合并飞翔蜂组织法** 将相邻的两个蜂群其中一

个蜂箱搬出一定距离（约数十米），从而让飞翔蜂投入与其相邻的另一蜂群中，组成强群采集。但要注意采用这种方法组成采蜜群必须在大流蜜开始后进行，否则容易引起围王。

2. 双王群采蜜群组织法　准备一个空蜂箱，将双王饲养的蜂群中的一只蜂王和一张子脾或蛹脾带 1.5 足框左右的工蜂抽出，加入一张空脾和一张巢础框，另外组成一个新蜂群用于繁殖；将原群两室中的隔堵板抽掉成一室，调整蜂路，蜂群合并后负责采集。或者在原箱中，将原来群势相当的两个蜂群其中一群 2/3 以上的子脾带蜂调入另一群，调出群带原蜂王在箱内一边用隔堵板隔开组成一小群，上盖纱网，以防蜂王进入另一群，同时在底箱上加浅继箱，让群势大的蜂群采集，群势小的蜂群繁殖。

（三）蜂蜜生产

1. 分离蜜生产　在流蜜期中，由于蜜蜂的集中采集，巢脾上迅速贮满蜂蜜，待巢脾上的蜜房封盖后，就可以进行蜂蜜的分离。取蜜的时间以早晨工蜂出巢前为好，一则不妨碍当日工蜂采集；二则前一日采集的花蜜经一夜的酿造质量较好。分离蜂蜜的具体步骤为：

（1）脱蜂　先将箱内巢脾间距加大，用两手的拇指、食指、中指捏住框耳提起巢脾，用腕力抖动巢脾，使蜜蜂跌落箱内，随即用蜂刷轻拂去脾上的余蜂。注意，抖蜂不必过于用力，巢脾下沿不能提过箱口，以防蜂王在抖蜂过程中遗失，抖动巢脾时应保持巢脾上下垂直运动，

以免压死蜜蜂、蜂王。

（2）**摇蜜**　摇蜜前先割去蜜房封盖，一般以左手捏住一侧框耳或侧梁，另一框耳或侧梁放在木架上，右手持割蜜盖刀，轻轻削去蜜盖。注意：刀口应贴住上框梁侧面，自下而上地平削，使蜜盖落入干净的容器中。将割去蜜盖的巢脾放入摇蜜机，缓缓摇动摇把，摇蜜速度不宜太快，以免损伤脾上的幼虫以及损坏巢脾；巢脾的一面贮蜜摇干净后，将两脾的位置对调，再摇另一面。摇净蜂蜜的巢脾应尽快放回原群，不能随意放入其他群，所以取蜜时最好逐群摇蜜，避免巢脾的混放。

（3）**过滤**　摇出的蜂蜜要用带 80 目滤网的过滤器过滤，以除去蜂尸、蜡屑、幼虫等杂质，之后即可装桶。装蜂蜜的容器应选择蜂蜜专用包装桶，或高强度的食品级塑料桶，也可用陶制的水缸暂时贮存。蜂蜜应贮存在阴凉黑暗的房间内。

2. 巢蜜生产　巢蜜是指在固定规格的巢脾中，让蜜蜂充分酿造后完全封盖的连巢带蜜的块状产品。巢蜜具有蜂蜜成熟、无污染、具特殊食用价值等优点，特别是中蜂生产的巢蜜，封盖颜色浅、白、口感好，市场极为欢迎。

（1）**生产条件**　选择蜂场中群势大的蜂群，以及不易结晶、蜜色浅、花期长、流蜜量大的蜜源（如紫云英、柑橘、荔枝、洋槐等）。使用特制的巢蜜格（现在通常用有机玻璃制作，在巢框的范围内，嵌入外形规范统一的多个巢蜜格，如六边形、圆形、方形等，见图 4-1）。

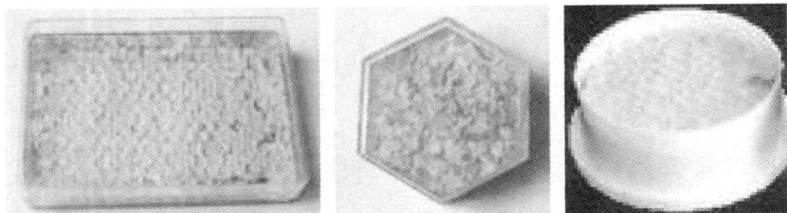

图4-1　巢蜜格的形状

（2）**巢蜜的生产**　在流蜜期开始时，将巢蜜格装在巢础上，让蜂群在巢础上造脾，为使造脾迅速、整齐，要适当减脾，使蜜蜂高度密集。当第一个巢蜜脾基本封盖后，外界仍在流蜜盛期，可加入第二个巢蜜框。如在花期结束后，仍有部分巢蜜格未封盖，可对蜂群饲喂同花期采集的分离蜜，直至所有巢蜜格封盖为止。巢蜜格全部封盖后，取出巢蜜框。卸下巢蜜格，加盖（盖子可与巢蜜格统一设计制作），清除外部的蜂蜡，即可加外包装。

（3）**控制分蜂**　蜂群在生产巢蜜过程中，由于群势大、蜜蜂密集、脾少蜜多，容易产生分蜂热。可采取以下措施控制：采用新王群；大开巢门，降低巢温；经常检查，毁除王台；适当调出蛹脾，加入其他蜂群的卵、幼虫脾，加大巢内蜜蜂的哺育工作量。

3. 注意事项

（1）**取成熟蜜**　蜜蜂从植物上采回的花蜜，一般须经5～6天的酿造后才能成熟，若气温低、湿度大，成熟期还可能延长。巢内蜂蜜成熟的一般以贮蜜房封盖为标准，所以取蜜一般5～6天取1次，未封盖的巢脾暂

时不取蜜。

（2）**取单花蜜**　不同植物的花蜜具有不同的色、香、味，消费者喜好差异极大，市场价格差别也大。所以，摇蜜应按花期、花种进行，不同花种的蜂蜜分开贮存、分开销售。若生产上出现两个花期相连或重叠（如荔枝花期末紧接龙眼花期），可将第二花期的第一次蜂蜜摇取后另外贮存；若天气晴好，也可将上一花种的巢内贮蜜摇净后再生产第二花种的蜂蜜。

（3）**注意盗蜂**　在末花期，摇蜜时巢内要留足饲料，否则蜂群缺乏食物，将引起盗蜂；取蜜场所摇蜜后要将地面洒漏的蜂蜜冲洗干净；割下的蜜盖、滤出的杂质、清洗摇蜜机的废水应倒入土坑掩埋。

（4）**注意食品卫生安全**　食品安全正日益受到重视，蜂蜜的生产应严格按照《食品安全国家标准　蜂蜜》《蜜蜂饲养兽药使用准则》《蜜蜂病虫害综合防治规范》等有关标准，规范生产和用药，确保所生产的蜂蜜卫生、安全。

（5）**加础造脾**　在外界大流蜜的刺激下，蜜蜂蜜囊中充盈的花蜜会刺激蜡腺的发育，使蜡鳞不断地形成，蜂群造脾的积极性高，造脾的速度特别快，尤其在夜间或雨天，蜂群的采集工作基本停止，有更多的工蜂参与造脾，可以利用流蜜期多造新脾。

二、控制和消除分蜂热

1. 提早取蜜　蜜蜂采集前，由于采取了促进蜂群繁殖的措施，蜂群十分强壮，但往往又带来蜂群的分蜂热，蜂群一旦产生分蜂热，就消极怠工，采集的积极性大降。所以，在流蜜初期采集开始，群内贮蜜有少量封盖时，就立即摇出，提早取蜜，促进工蜂采蜜积极性。此时所采集的蜂蜜浓度较低，可在末花期作为饲料喂蜂。

2. 适当增加工蜂的工作量 阴雨天，加础造脾；或从其他蜂群调入卵虫脾，调出封盖子补充弱群，以增加蜂群的劳动强度，并加宽蜂路，降低蜂巢温度，减少蜂群的躁动。

3. 用处女王或新产卵王替换老王 处女王或新王控制的蜂群分蜂意识较弱。

4. 互换飞翔蜂 强群与弱群互换箱位，使两群的飞翔蜂互相交换（非采集季节不可使用此法）；双王群可互相调换繁殖与采蜜的位置。

5. 模拟分蜂 分蜂热采用一般的方法无法控制时，可用模拟自然分蜂的办法，将蜂群人为地拆成两群，以消除分蜂热，拆出群诱入王台或处女王（参见双王群采蜜蜂群组织方法）。

三、协调育虫与贮蜜的矛盾

当蜂群十分强壮，蜂王产卵力又高时，外界蜜源植物的大流蜜能极大促进蜂王的产卵。若蜂巢内脾数少，会出现大量巢房被卵、虫占据，蜂蜜无处贮存，或者由于大量蜂蜜的贮存，蜂王无处产卵的现象。采取的对策

为：结合换王，采用处女王取蜜；组织采蜜群时，注意加入巢础，扩大蜂巢，调入弱群的空脾；采用浅继箱取蜜。

四、流蜜后期管理

到了蜜源植物的末花期，虽然花尚盛开，但花朵的泌蜜量极速下降，蜂群可采集的花蜜大量减少。此时取蜜不能像开花初期、盛期那样将箱内蜂蜜取尽，必须留足饲料（子圈周边蜜房充盈），一是满足蜂群的繁殖需要，二是防止盗蜂的发生。同时，应缩小巢门，防盗蜂；抽出多余的巢脾，做到蜂脾相称；蜂箱的缝隙要封严；检查蜂群动作要快。

五、越夏期管理

蜜源缺乏和胡蜂危害是我国南方山区中蜂越夏困难的主要原因。为了使蜂群顺利越夏，保存实力，为秋季繁殖、冬季流蜜期生产打好基础，在越夏期蜂群应具备以下条件：

（1）蜂群有当年的新王。因为新王的产卵能力强，一旦夏末秋初外界有零星蜜粉源植物开花，蜂王可快速恢复产卵能力，使蜜蜂群势迅速上升。

（2）蜂群有一定的群势，对外界不良环境有较强的抵抗能力，且能保持一定程度的繁殖，所以越夏蜂群的群势要在3足框以上。

（3）有充足的饲料，蜜蜂安定。1足框蜜蜂每日耗蜜约20克，越夏期2个月，1足框蜜蜂耗蜜约1.2千克，所以蜂群要根据群势留足贮蜜，检查时发现缺蜜，应立即补充饲喂；在南方山区，通常将蜂群转地至有丰富山花资源（如乌桕、山乌桕等）的地方，越夏前采集山花蜜，摇取部分，大部留给蜂群当饲料。

（4）有春季造的新脾，既能满足蜂王喜好在新脾产卵的特性，也对巢虫的滋生有很强的抵抗性。

（5）抽掉旧脾、劣脾，保持蜂多于脾，或蜂脾相称，以利预防巢虫危害，也有利于扇风降温。

在做好上述工作的同时，越夏期蜂群管理上还要注意将蜂群安置在通风凉爽的稀疏树林里或有遮阴的地方，避免蜂箱受到烈日暴晒，减少蜜蜂的扇风工作，节约饲料，也防止巢脾在高温下受热变软，发生坠裂。胡蜂和巢虫是南方中蜂越夏最主要的敌害，应注意抵御，定期清理蜂箱底部，山区对青蛙、蟾蜍、蚂蚁也须注意防范。越夏蜂群为降低巢温，提高巢内湿度，常采水散热，在缺水的地方应设置人工饮水器，同时可在蜂箱周围洒水降温增湿。越夏期间，要给蜂群一个安静的环境，不要经常开箱检查，多做箱外观察，每7～10天进行一次快速的抽查即可。南方通常9月份以后，野外陆续有零星蜜粉源植物开花，蜂群进入恢复阶段。到9月底，蜂群内老蜂基本被新蜂取代，蜂群生机勃勃，进入了发展阶段，这时可根据下一个花期开始培育适龄的采集蜂。

六、秋末冬初流蜜期管理

我国地域辽阔，南北冬季气温差距极大，中蜂在不同地区的秋冬季生活状态不同，因此管理方法也不同。北方秋季以繁殖越冬蜂为主；而南方山区常在秋末冬初有一个很好的生产期（枇杷、鹅掌柴、枔等的花期）。秋季又是培养越冬蜂的时期，所以要兼顾生产与繁殖两不误。

华南地区（两广、福建、云南）的南部地区，冬季气温常保持在 10℃以上，蜂群基本没有明显的越冬期，枇杷、鹅掌柴和枔属植物于 11 月份至翌年 1 月份开花泌蜜，这些蜜源均对中蜂有极大的吸引力，蜂群采集活跃，是重要的生产期。管理上一般参照流蜜期的管理，但生产期间气温较低，群势也相对小，又要兼顾繁殖。蜂群应排列在背风向阳的地方，若温度低（夜晚温度在 10℃左右），则进行适当的保温（在隔板外填充干稻草、旧棉絮等，副盖上加一草垫或棉垫），采蜜群势一般保持 4～5 框即可，保持蜂略多于脾，取蜜应选择在晴暖天气 10:00～14:00 进行；每次取蜜的间隔时间宜稍长些，采取抽脾取蜜的方法，以兼顾繁殖，并保证产品质量及群内饲料。

七、越冬期管理

华南、华东数省的部分区域，如山区等，冬季气温

较低，一般在0～10℃之间，蜂王基本停卵，在秋初要抓紧有利时机繁殖越冬蜂。管理上注意留足越冬饲料，适当内包装保温，尽可能保持蜂群安静越冬。冬季气温初期在0℃以下的地区，蜂群处于结团越冬状态。管理的关键，一是饲料，越冬蜂群一定要保证优质、充足的饲料。二是温度控制，让蜂巢处于-4～2℃之间，巢内蜂群保持安定。东北等严寒之地，选择背风向阳之地，做好蜂群的保温包装，一般均可顺利越冬。有条件的可以建越冬室或越冬地窖安置蜂群，越冬室要求黑暗、通风良好，室内温度控制在0℃为宜。越冬末期，温度开始回升，此时也要加强蜂群的保温包装，以提高巢温，促进蜂王早产卵，幼虫正常生长发育。

越冬期间蜂群管理主要是通过箱外观察进行，非特殊原因不开箱检查。

第五章
中蜂高效饲养管理技术

一、采用优质蜂王

（一）选用良种

选择优良特性的蜂王是中蜂强群饲养的保证。良种的来源主要有2种：

1. 自育良种 选择蜂群中蜂王产卵力强、分蜂性弱、工蜂性情较温驯、能维持较大群势、高产和抗病力强（尤其是抗中蜂囊状幼虫病）的蜂群作母群和父群培育新王。

2. 引进良种 引进的蜂王应是适合本地区饲养在养蜂生产中表现出其优良特性的类型，并且要先少量引进试养，经过至少1个周年的考查，确实比原有蜂种表现优秀后再行大量引进推广。不宜引入不适合本地生存的其他中蜂类型，一是不适合本地的气候环境，二是容易带入外地的病原，造成病害流行。

（二）采用新王

中蜂常年维持强群生产是高产稳产的基础。中蜂蜂王一般在 1 年后产卵能力明显下降，导致蜂群群势下降、分蜂性提高、抗病力降低、生产能力下降。在生产上一般 1 年换 1 次王，即在春季分蜂季节换王，年年采用新王；专业蜂场，应结合春冬 2 个分蜂季节各换 1 次王，1 年换王 2 次。

（三）防止种性退化

蜂种退化是中蜂难以维持强群的重要原因之一。退化原因为：中蜂场大都自行培育蜂王，蜂王长期近亲交配造成下代蜂种劣势基因大量表达。解决方法：同一地区的蜂农间互相选择性状好的蜂群，交换移虫育王；各自选好蜂群培育本场父本，杂交培育新蜂王。

二、采用双王群或主副群饲养

（一）双王群饲养

中蜂群势小，一般群势很少能达到 10 框，而且又要求密集饲养，以利于保温。养蜂实践证明：一个强群的繁殖能力、采集能力均大于两个弱群之和。但中蜂不像意大利蜜蜂，很难达到 10 框以上的群势，于是生产上为了使中蜂达到相对的强群及充分利用蜂箱体积，就出现了组织双王群饲养的形式。

1. 采用朗氏十框箱饲养双王群　朗氏十框箱是世界通用的饲养意大利蜜蜂的标准蜂箱，我国许多地区为减少蜂箱的种类，方便同时饲养意大利蜜蜂和中蜂，也用朗氏十框箱饲养中蜂。

具体做法为：在蜂箱中间插入隔堵板或框式隔王板，将蜂箱分为左右两室，每室各开一个巢门（同向或相向），各放置3～5个巢脾，各有1只蜂王，饲养一群蜜蜂（图5-1）。巢脾以隔堵板为中心摆放，两群蜂紧靠在一起，均可减少一半的散热面积，减少饲料的消耗，有利于蜂群繁殖。在繁殖季节一旦蜂群发展，蜂箱里容纳不了时，可分别从两室中抽取子脾和蜜蜂，分别诱入王台或蜂王，在另一空箱中再组织双王群。双王群饲养管理的难度要比一箱饲养单王群大。首先，要防止蜂王会面，两王相见必有一斗，结果是一王死亡，另一只伤痕累累，活力下降；其次由于巢门相近，群味相同，会发

图5-1　平箱双王群饲养示意图

生工蜂偏集的现象（一边蜂多，一边蜂少），因此要经常在各群间调整群势，调整的方法为：抽调封盖子脾补充群势小的；或在日常管理中，将群势大的一方的巢门缩小，群势小的一方巢门开大，以保证两室内蜂群群势基本一致。

2. 采用中蜂十框箱饲养双王群　在蜂箱中间插入框式隔王板，将蜂箱分为左右两室，每室各开 1 个巢门（同向），各放置 3～5 个巢脾，各有 1 只蜂王，饲养一群蜜蜂，先行夹箱饲养。待蜜蜂数量增多后，在巢箱上加隔王栅，将蜂王限制在巢箱活动和产卵，称产卵区；浅继箱供给工蜂栖息、贮蜜，称生产区。继箱上的工蜂可通过隔王栅和巢箱的两室相通，既可下来做内勤工作，也可外出采蜜。就成了两群工蜂可以互相接触，而两只蜂王无法接触的双王群（图 5-2）。这种饲养方式不会出现蜜蜂的偏集问题。

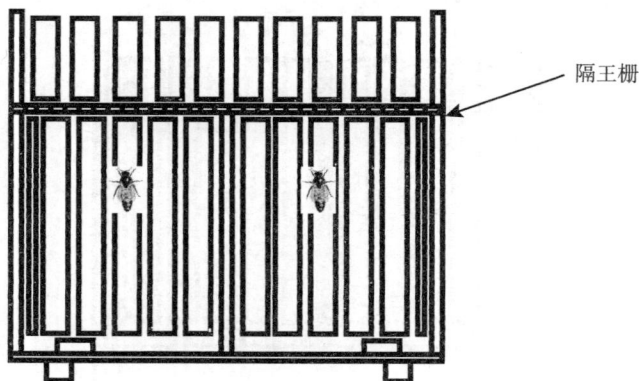

隔王栅

图 5-2　继箱双王群饲养示意图

这种双王群由于采用巢箱育子、继箱采蜜的方式，繁殖速度快，群势大，采集力强，在蜜源植物流蜜季节蜂群进蜜快，酿造快，再者由于不带蜜蜂幼虫摇蜜，蜂蜜杂质少、产量高、质量好。

双王群饲养蜜蜂，由于蜂多、群势大、巢温高，运输时要注意通风，否则易发生蜜蜂闷死、巢脾融坠现象。此外，由于蜂群群势相对较大，蜂巢内蜜蜂密集，较易产生分蜂热，管理上要注意预防。熟练掌握中蜂双王群饲养技术，在繁殖季节，能加快蜂群的繁殖速度，迅速扩大群势；在采集季节，通过人为调整，合并出强群，所获得的蜂蜜产量、质量将大大高于两个小蜂群。

（二）主副群饲养

饲养主副群也是维持强群的方法。与双王群饲养相比，其优点为在同等群势和相同的哺育负担条件下，采集量不低于双王群，而且管理上较双王群方便很多；缺点为增加了蜂箱的使用量，巢脾的调整要在两个蜂箱间进行，提脾补蜂速度较慢。

主副群的组织方式为：在流蜜期前将双王群中产卵能力较差的一群的几张巢脾，提到另一个蜂箱，作为副群，原群即为主群。

在蜂群繁殖、增长群势阶段，副群的主要任务是向主群调出封盖子脾或幼蜂，扶持主群及时发展为强群，同时要保证自身发展的基础。主副群管理上，主群生产兼繁殖，副群只繁殖，不参与生产。

三、保持群内饲料充足

食物是蜜蜂赖以生存的物质基础，蜂群维持强大群势的前提条件。强群饲养蜜蜂，应保持群内常年有充足的贮蜜；繁殖期群内花粉不足时，应特别注意饲喂补给，若蜂群内缺乏饲料，蜂王产卵量下降，体现不出双王群的优势，甚至造成蜜蜂飞逃。群内饲料充足的标准为：巢脾上缘及两角蜂蜜充盈，粉圈花粉充足（子圈周围有3～4层的巢房内装满花粉）。

四、保持蜂群旺盛繁殖力

只有保持蜂群旺盛的繁殖力，才能维持强群。在日常的管理中，注意以下几点：

（1）奖励饲喂。繁殖期每日傍晚用30%～50%的糖浆连续不断进行奖励饲喂。

（2）采用新巢脾。中蜂喜爱新脾厌旧脾；新造的巢脾房眼大，培育出来的工蜂体大而健壮；并且新脾可以有效抵御巢虫的危害。

（3）适时扩大蜂巢。要根据蜂群、蜜粉源和天气情况，适时加入空脾或巢础扩大蜂巢。应尽可能采用巢础框让蜂群造脾扩巢；在新造的脾产满卵后即可再插入新的巢础框造脾扩巢；保持蜂群密集，一般以插入空脾或巢础框后蜂脾比例1∶0.8～1为宜，早春蜜蜂相对密集，

更有利于蜂群保温。

（4）加强蜂群保温。在箱内隔板外填充成束稻草至箱内 1/2～2/3 的高度，然后在副盖上加盖草帘或旧棉絮制成的保温垫。

（5）预防和解除分蜂热。

（6）综合防控病虫害（详见第七章）。

第六章
野生中蜂的收捕与过箱

一、野生中蜂的收捕

收捕野生中蜂是利用自然资源解决蜂种缺乏的既经济又有效的方法。我国山区野生中蜂的资源十分丰富,开发利用这份宝贵的蜂种资源对发展养蜂生产,尤其是发展贫困落后、偏僻山区的养蜂业,开辟致富道路有重要的意义。

(一)收捕前准备

蜜源流蜜盛期和分蜂季节是收捕野生中蜂的最好时期。此时不仅蜂群活动频繁,分蜂群多,易于收捕,而且收捕到的蜂群容易驯养。因此,在此期到来之前应做好场址选择、蜂箱蜂具添置、收捕工具制作等必要的准备工作。

蜂场最好设在避风向阳干燥的场地。收捕野生中蜂的蜂箱最好是以前养过蜂、干净、无缝隙、带有蜜蜡香味的旧蜂箱。没有蜂箱时用蜂桶、竹筐等器具也可。收

捕前要准备好收捕工具，包括刀、斧、凿、锄、面网、喷烟器、防蜇手套、收蜂器和收捕箱、盛蜜容器等。

（二）收捕方法

野生中蜂的收捕方法很多，大体上可以分为猎捕和诱捕两大类。两种方法都有很好的效果，要因时、因地制宜，灵活选用。

1. 猎捕 是指依据野生中蜂的营巢习性、采集飞行规律以及当地的自然生态条件，主动搜寻野生中蜂的蜂巢，从而达到收捕的目的。

猎捕的季节选在气候暖和、外界蜜粉源丰富的时期，一般在晴日的上午 9～11 时进行。

（1）野生蜂的搜寻 搜索树洞、岩洞，观察洞口有无蜜蜂进出。一般通过跟踪采集回巢的工蜂来寻找野生中蜂的蜂巢。通常那些飞行缓慢而成直线飞翔时发出的声音闷而浑浊、尾部略为下倾的大多为采集后回巢的工蜂；飞行迅速、飞翔时发出尖声、身体摆尾呈"之"字形飞行、飞向蜜源的是出巢蜂，从山坡或野外飞向蜜源场地的是野生出巢蜂，可以循其飞来的方向去寻找蜂巢。追踪的方法有：

①追踪飞翔蜂 在山谷口观察蜜蜂的飞翔路线，然后沿蜜蜂飞翔方向每次前进 30～50 米，逐段跟踪，最后找到蜂巢。采集蜂回巢时的转圈数和飞翔高度可作为判断蜂巢的依据。若采集蜂起飞时只打一个圈，且飞行高度在 3 米左右，表明蜂巢在 250 米左右；若起飞时转 3

圈，飞翔高度在 4～6 米，表明蜂巢在 2.5 千米以外（图 6-1）。

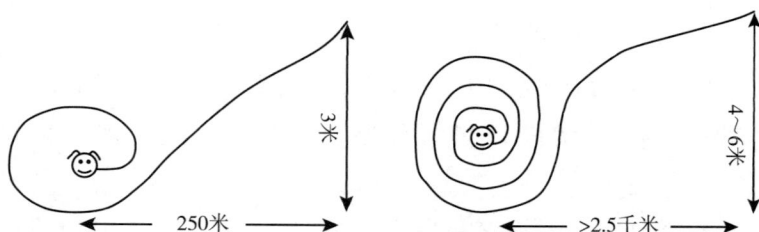

图 6-1　蜜蜂转圈数和飞翔高度与蜂巢距离示意图

②挂蜜燃脾引蜂　于高地开阔处，在 2 米左右高的枝条上挂上蘸有蜂蜜的树枝叶，并同时燃烧一张废旧巢脾，招引蜜蜂，再在相距数十米远处用同样的方法设一招蜂点，如果引来了蜜蜂，在两个地点同时观察吸饱蜜汁后的蜜蜂的飞行路线，这样观测到的两条飞行路线的交点，在其附近便可找到蜂巢的所在地（图 6-2）；或直接在高地用锅煮蜂蜜，利用散发的蜜香味引诱蜜蜂前来采集。

③跟踪采水蜂　入山寻蜂时，在有积水的沟边和小溪边细心观察，发现采水蜂就表明蜂巢最远不超过 1 千米。还可根据采水蜂的飞翔动作判断蜂巢位置。采水蜂起飞和下降时表现为转圈飞行，飞来时呈逆时针方向转圈，回巢时呈顺时针转圈，则表明蜂巢在山的左边；若转圈方向与上述情况相反，则表明蜂巢在山的右边（图 6-3）。

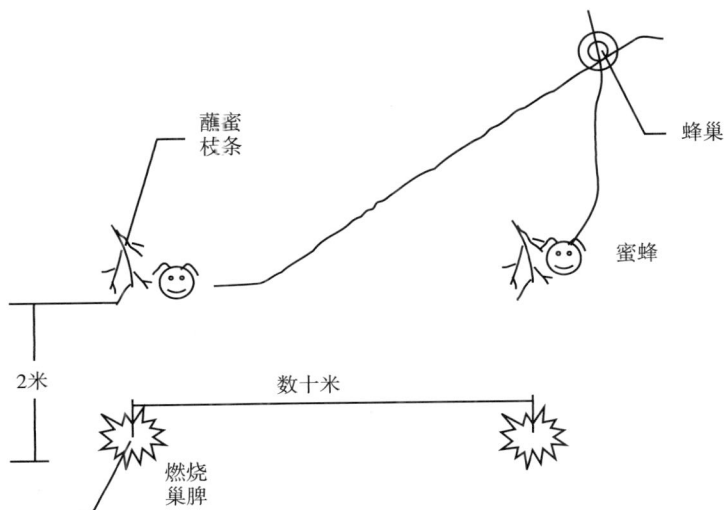

图 6-2 挂蜜燃脾引蜂示意图

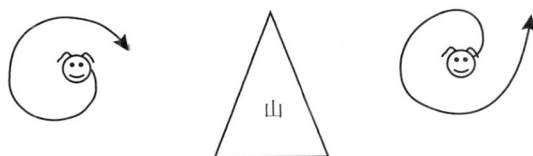

图 6-3 跟踪采水蜂示意图

④观察蜜蜂排泄物 蜜蜂有在飞行中排泄的习性，在地表可留下踪迹：若排泄物分布密集，表明蜂巢就在附近（图 6-4）；单滴的排泄物痕迹为水滴状，蜂巢方向与钝圆的一侧同方向。

用以上的方法寻找到野生蜂的蜂巢后，即可进行蜂群的收捕。

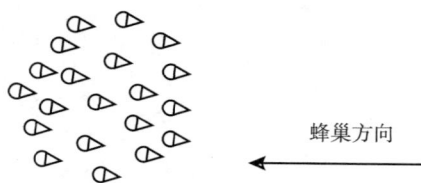

蜂巢方向

图6-4 观察蜜蜂排泄物判断蜂巢位置示意图

（2）蜂群的收捕 树洞中蜂群的收捕：可先用石块或木棍敲打树干，再用耳听蜂声，确定蜂团的位置。观察树干上蜜蜂的出入口，如有多孔出入，除上下各留一孔外，其他出入口全部用湿泥封堵，在上孔绑一布袋或挂一蜂箱，使袋口或箱门紧挨着上孔，然后从下孔往蜂巢内熏烟或吹进樟脑油，驱蜂离脾从上孔进入布袋或蜂箱。另一种方法是用斧凿扩大一个洞口（其余洞口不必封闭），露出蜂团，进行割脾收蜂，采用此方法时要向蜂团喷洒稀薄蜜水，使蜂安定，防止外逃。有些树木是受国家保护的珍稀树种或古树，所以，收捕营巢在树洞中的蜂群时要经过周密调查，不要随便开凿，以免造成不必要的麻烦。

①泥洞蜂群的收捕 先将蜂洞穴四周的野草铲光，再检查洞穴有几个蜜蜂的出入口，除留下一个主要的出入口外，其余的洞口全部用泥堵死。在留下的出入口用喷烟器往洞内喷烟，迫使蜂群离开巢脾，在穴内集结成为蜂团，然后用锄头将泥洞自外而内徐徐挖开，露出蜂巢，用刀把巢脾依次割下。当蜂群离脾结团时，要用蜂扫尽量一次将整个蜂团扫入收蜂器中；若蜂团过大不能

一次将整个蜂团扫入时，应先将有蜂王附着的部分扫入收蜂器，以防止蜂王飞逃。如蜂王在收捕过程中起飞，可暂停片刻，待蜂王飞回蜂团后再行收捕。

②岩洞蜂群的收捕　筑巢于岩洞中的野生中蜂比较难收捕。如果洞口比较大，伸手进洞能摸到蜂团，可以采取烟熏或扩大洞口的方法割脾收捕；如果洞口很小，岩壁较厚，可保留一个主要的进出口，其余的全部用泥土封闭，然后用脱脂棉蘸石炭酸后塞进洞口，置于蜂巢下方，在洞口插入一根铁管、竹管或塑料管，管的另一端插入蜂箱巢门，箱内预先放 2～3 张带蜜巢脾，洞内蜜蜂耐受不住石炭酸气体的熏蒸，便会纷纷离脾，经空心管爬入蜂箱，等到蜂王爬入蜂箱，而且洞内蜜蜂基本都出来后，即可将蜂箱搬回。

2. 诱捕　是根据中蜂的生物学特性，选择中蜂乐于营巢的地点，用蜂箱、蜂桶等并在其中放一些蜂蜜、糖浆等引诱物，诱使分蜂群主动飞进蜂箱定居的方法。诱捕成功需要注意以下几点：

（1）**诱捕时机**　由于诱捕的对象绝大部分是分蜂群，所以诱捕的时间主要在分蜂季节，一般在春夏之交时节。另外，夏末秋初少数因敌害被迫迁移的蜂群也是诱捕的对象，所以可根据当地蜂群敌害，如胡蜂、巢虫等危害猖獗期来确定诱蜂的适宜时机，南方初冬还有少量蜂群因生活环境不适而迁飞。蜜蜂在不同季节迁移的方向不同，春夏多从山下往山上迁移；秋冬多从山上往山下迁移。

（2）**诱捕地点**　首先，诱捕蜂箱必须放在蜜粉源丰富的地区，俗话说："蜜蜂不落枯竭地"。其次，要选择向阳、遮阴、避风、位置明显突出的南坡设置诱捕蜂箱，例如突出的岩石、岩缝、大树下、房檐前均是较好的诱捕地点。往年常有蜜蜂迁入的地方是最好的诱蜂之地。最后，注意诱捕箱要用石块等重物固定，以防被风吹倒。

（3）诱捕蜂箱和蜂具　诱捕用的蜂箱壁要求严密、不透光、干燥、清洁、没有新木料气味，最好是带有蜜蜡香味的旧蜂箱（图6-5）。若使用新蜂箱，则可用淘米水或乌桕叶榨汁浸泡、涂抹，再涂上蜂蜜、蜂蜡，用火稍微烤干后即可。带有巢脾的蜂箱（桶）由于带有蜜蜡和蜂群的气味，对蜜蜂具有很强的吸引力，最适于用来诱捕野生蜂。也可在每天中午时分，在诱捕箱附近燃烧旧巢脾散发气味，以引诱蜂群。

稻草

上有框线或巢础始工条的巢框

图6-5　诱捕蜂箱示意图

（4）检查和安置已诱捕到的蜂群　要定时检查设置的诱捕蜂箱，在分蜂季节一般每3～4天检查1次。久雨初晴后要及时检查。若发现野生蜂已经进箱定居，等

到傍晚其归巢后，关闭巢门搬回即可。若是使用旧式蜂桶，最好搬回后当晚就过箱。

二、收捕后过箱

中蜂长期以来饲养在圆木桶、竹篾篓或竹笼里，巢脾固定其中，不能提脾检查，群内的变化情况无法了解，更谈不上用科学方法管理，只有采用现代的活框蜂箱，才能实现科学管理。因此，第一步工作是要将旧式蜂巢固定巢脾改为活动巢脾饲养，这一过程称为"过箱"。中蜂过箱时，必须选择好过箱时间，掌握好过箱的操作技术。

（一）过箱时间

过箱是人为地将蜂群拆巢迁移。过箱过程中势必要损坏部分蜜粉脾和子脾，过箱后蜂群需要重建家园，因此，过箱需要在外界蜜粉源充足的条件下进行，最好选择气温在20℃以上的无风晴天，同时箱内有子脾，这样，不仅在过箱操作过程中蜜蜂比较安静，不易发生盗蜂，子脾受伤少，而且过箱后蜂巢修复迅速，蜂王很短时间内就能恢复产卵繁殖。

春季宜选择晴暖无风的午后时分；夏季宜在黄昏时进行，此时气温适宜、蜜蜂出勤较少、秩序好；早春和晚秋可在夜晚将蜂群搬进室内过箱，过箱时需用红光照明，以防蜜蜂扑灯引起混乱。

（二）过箱前准备

过箱前需准备的用具有：蜂箱、上好铁丝的巢框、割脾刀、剪刀、稻草、麻袋片、钉锤、蜂扫、熏烟器、面网、隔板、脸盆、毛巾和术桶等。过箱时通常需要三人协作进行，一人负责脱蜂、割脾；一人负责绑脾；一人负责收蜂入笼以及清理残蜜等。

过箱前，如果蜂窝悬挂在高处，应以每天下降30厘米左右的速度预先将蜂窝降下来。原来放在地面但距离很近的数个蜂窝，也要预先采用逐渐移动的方法，将彼此间的距离拉开，以免过箱时发生混乱。

（三）过箱方法

旧式饲养的中蜂蜂桶（蜂窝）形式多种多样，而且摆放的位置和形式也各不相同。按摆放的位置，蜂桶通常分为立式和卧式两类；按摆放的形式，可分为可移动式和固定式两种。立式蜂桶和卧式蜂桶过箱操作上除了翻巢和不翻巢的区别外，其他操作大致相同，都要经过催蜂离脾、割脾装脾、抖蜂入箱、催蜂上脾、调整检查等几个步骤。

1. 可移动式蜂桶翻巢过箱

（1）**割脾** 将蜂窝搬离原地5米之外，原地放一预先备好的活框蜂箱。如旧蜂窝为立式，可将其倒转过来，底朝上，上面盖一草帽或收蜂笼，套一空蜂箱也可，然后用熏烟器从蜂窝下往蜂窝内喷烟，同时用木棍敲打蜂窝外壁，催蜂离脾。在熏烟和敲打声的刺激下，蜜蜂便

会离脾向上爬至草帽、收蜂笼或蜂桶空隙处中结成蜂团，最后将带有蜂团的草帽、收蜂笼或空蜂桶搬开。

若旧蜂桶是卧式，可先将蜂桶搬离原位，原位上换置一蜂箱。将蜂框翻转180°，使巢脾朝上，并将蜂桶尾端稍稍抬高，然后用熏烟和轻轻敲打桶壁的方法，驱蜂离脾到蜂框的底端结团。

（2）**绑脾上框**　将已脱去蜜蜂的蜂窝搬入室内或离蜂场稍远处，将巢脾依次割下，分别放好，注意不要损伤子脾。然后将割下的巢脾平放在隔板上，比照着巢框的大小将巢脾裁好，顺着巢框上的铁丝，用利刀沿铁丝将脾划三道沟至巢脾一半厚度位置（注意不能太深，更不能将巢脾划断），将巢框上的铁丝镶嵌入沟内，上面再覆盖一块木隔板。用双手捏住上下两块木隔板，连脾一起翻转过来，撤去隔板，用薄竹片、硬纸皮加包装绳将巢脾吊绑在上框梁，即可放入蜂箱内。绑脾的方式有多种，常用的为吊绑，最为牢靠（图6-6）。

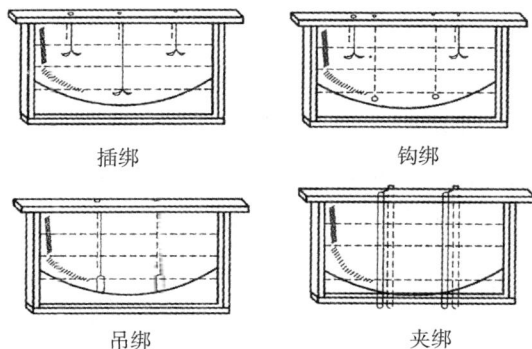

插绑　　　　　　　　　钩绑

吊绑　　　　　　　　　夹绑

图6-6　过箱绑脾示意图

（3）**绑脾上框注意事项** 由于割取的巢脾形状大小各异，需依照巢框的大小修整，一块不够大时，可将两块拼在一起；割脾上框时要尽量保留卵、虫脾和粉脾，少留蜜脾，通常将雄蜂脾和空脾舍去；脾面要绑得垂直平整；操作时应割一脾、绑一脾、随手放入蜂箱一脾；大的子脾摆中间，小的依次摆两边。

2. 固定式蜂桶过箱 有的蜂群营巢在墙洞、大柜等不能搬动的地方，不得不保持其自然状态过箱。过箱时先轻轻启开墙、土窑洞蜂巢的前壁或土坯门板，看是否与相邻空墙洞、土窑洞有小孔相通。如有小孔相通，将前壁或土坯巢门板关上，从巢门口向蜂巢内喷烟，蜜蜂即离脾通过小孔到相邻的空墙洞内结团，这时可打开土坯巢门板进行割脾上框。对于用双手能直接接触到蜂巢的蜂群，首先要找到便于操作和扫蜂的地方，用手轻轻地振动巢脾，使蜜蜂慢慢离脾，诱导蜜蜂到选定的便于扫蜂的平整部位集结成团，切勿乱喷烟、瞎敲打，以防蜜蜂混乱，结不成蜂团，影响割脾和扫蜂，甚至蜂王惊飞或受伤，造成意外的损失。待蜂离脾结团后，即可割脾上框。待巢脾全部割完、绑好入箱后，将蜂用蜂刷扫入一容器中，扣蜂入箱。

若蜂桶很大，在过箱时蜂窝里有很大的空余空间（方形蜂窝，可拆卸蜂窝的一个侧壁），则无须翻箱，利用喷烟结合敲击蜂桶壁，将蜂驱离巢脾，使蜂群在桶内空处结团后，即可动手割脾过箱，待所有巢脾割完，绑好入箱后，将桶内结团的蜜蜂扣入蜂箱，盖好箱盖，打

开巢门即可。

催蜂上脾是一项重要的工作，若不注意往往会使蜂群飞逃。抖蜂入箱后约 30 分钟，应开箱检查，如见蜜蜂已上脾，就可证明蜜蜂过箱后接受新居，蜂王安然无恙，过箱基本成功；若见蜜蜂结团在箱盖或箱壁上，应立即设法催蜂上脾。若蜂团在箱盖上，可将箱盖稍稍提起，将蜂团靠近巢脾，来回轻轻移动，使蜂团分散，蜜蜂爬上巢脾；若蜂团集结在箱壁上，可用蜂扫轻轻将蜂团扫散，让蜜蜂爬升上脾。

3. 借脾过箱　如果已有活框饲养的蜂群，可将原饲养蜂群带蜜粉的子脾 1～2 张（具体脾数根据蜂团大小决定），抽调到空箱中，然后将待过箱的蜂团抖入其中；将割、绑后的子脾加到其他蜂箱中。

4. 注意事项　过箱的环境要干净；过箱操作要轻、稳、快，不要搅散蜂团；已有活框饲养的最好用借脾过箱的方法，成功率高；过箱完毕，应及时清理过箱现场，将巢脾蜡渣及时化蜡，使用的工具清洗干净，地面上滴落的蜂蜜、蜡屑、死蜂和幼虫等都要清扫干净，以免引起盗蜂。

（四）过箱后管理

长期生活在旧式蜂巢中的中蜂，过箱后因生活环境突然改变，短期内较难适应。而且过箱操作势必损坏部分巢脾，杀死少量蜜蜂和幼虫，扰乱蜂群。所以，过箱后需要加强饲养管理，以利于蜂群的恢复和发展。

1. 缩小巢门 蜂群过完箱后，要及时缩小巢门，避免盗蜂。数日后待蜂群安定，同时根据天气和蜜源情况，适当加大巢门。

2. 检查蜂王 及时判断蜂群是否有蜂王。过箱后，要注意观察工蜂的表现，如果巢外飞翔的工蜂很快进入蜂箱，说明蜂王在箱内；如果工蜂不上脾，纷纷从蜂箱内往外飞，在蜂箱周围徘徊飞翔或钻入邻近蜂箱，说明蜂王不在蜂箱内，这时就要立即揭开蜂箱盖，使蜂团和巢框露出来，等待蜂王飞回。同时，在附近寻找蜂王，找到后捉入箱内或放入囚王笼中再放入箱内，以招引蜜蜂回巢。

3. 适当紧脾 巢内在留足饲料的前提下，尽量少加脾。使巢内蜜蜂密集（蜂多于脾），有利于巢脾的修复和幼虫的孵育。蜜源不足时，还要给予奖励饲喂，以促进工蜂造脾和蜂王产卵。

4. 检查蜂群 过箱2～3天后，午后开箱快速检查1次，看工蜂是否护脾，巢脾上方和框梁的连接处工蜂是否已经用新蜡粘牢。粘牢的巢脾可以去掉捆绑物。对没有粘牢或下坠的巢脾进行矫正，不平整的巢脾要齐框削平。如果发现巢脾上出现急造王台，说明蜂群失王，可选留一个最好的王台，将其他王台挖去，或采取诱入蜂王或合并蜂群的措施。待工蜂将放入的巢脾修造成整张巢脾，而且绝大部分巢房被蜜、粉、卵或幼虫占据时，就可以加入巢础造脾，按常规管理，使蜂群迅速壮大。

第七章
中蜂主要病虫害防治

一、中蜂囊状幼虫病

　　1971年冬，广东省佛冈、从化、增城等地首先发生了中蜂囊状幼虫病，翌年全省流行，之后迅速蔓延到福建、江苏、江西、浙江、安徽、湖南、四川、青海、贵州等省，现已扩散至全国的中蜂饲养区。病害在新区暴发时，传染速度极快，危害性很大，可造成30%～90%的蜂群损失。老病区病害虽已趋向平稳，但某些年份也会突然重新短暂的流行，如福建省的部分地区1990年春该病又发生局部流行，造成了约50%的蜂群损失。近年广东又有新的变异毒株出现，造成病害的流行。广大中蜂饲养地区应加强对该病的监测。

　　【病　原】　1971年我国广东发生中蜂囊状幼虫病，病情严重并很快蔓延至全国，但由于当时国内昆虫病毒病的研究基础薄弱，对该病害的研究重点放在防治方法的研究上，对病原研究甚少，直到1984年董秉义等人的研究才证明中蜂囊状幼虫病病毒与意大利蜜蜂囊状幼虫病病毒除形态大小相似外，二者在交互感染试验及血清学反应中均表现出不同的特异性。笔者认为：中蜂囊状幼虫病可能是由一种在生物学特性、血清学关系上与意大利蜜蜂囊状幼虫病毒不同的新毒株引起的，但要证实这株新病毒，有待于进一步研究。提取的中蜂囊状幼虫病毒直径为30纳米，但有许多理化特性有待于进一步确定，现暂定名为囊状幼虫病病毒中国毒株（图7–1）。

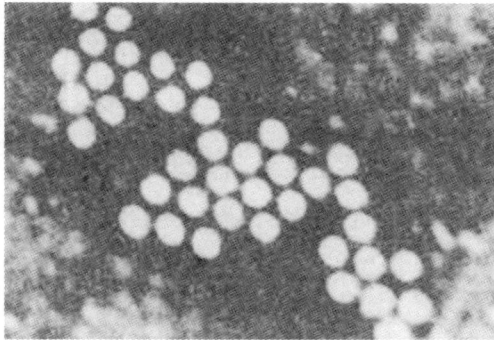

图7–1　中蜂囊状幼虫病病毒粒子

【症　状】6日龄大幼虫死亡，30%死于封盖前，70%死于封盖后，发病初期出现"花子"，接着即可在脾面上出现"尖头"，抽出后可见不甚明显的囊状（图7–2）。体色由珍珠白变黄，继而变褐、黑褐色。封盖的病虫房盖下陷、穿孔。虫尸干后不翘，无臭，无黏性，易清除。

【流行特点】每当气候变化大，温湿度不稳定，蜂群又处于繁殖期时容易发病，广东、福建病害终年可见，

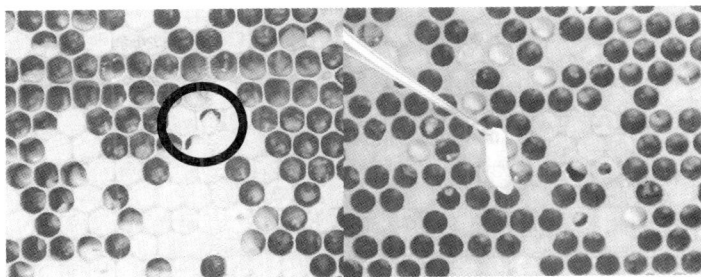

图 7-2　"尖头"（左）病虫上的囊（右）

但发病高峰期一般从当年 10 月份至翌年 3 月份，以当年 11～12 月份及翌年 2 月下旬至 3 月份为最高峰，4～9 月份通常病害下降，夏季常自愈。

发病严重程度主要与气温关系密切，温度低、温差大、蜂群保温差，易发病，特别是早春季节，天气变化频繁，温度波动剧烈，病情发展更为迅速。春季摇蜜中蜂幼虫易受冻，再加上机械损伤，所以常表现为每摇一次蜜，病害就加重一次。

此外，该病还与幼虫的营养有关，病害的大暴发一般伴随着大流蜜期的到来而出现，在南方，季节上多见于清明后及冬初，温度不稳，而蜂群子脾大，哺育蜂比例较低，一旦蜂群缺蜜，幼虫营养不足，质量下降，抵抗力也下降。有时在流蜜盛期，气温晴暖，该病却大流行，主要原因是取蜜过于频繁，群内蜜粉不足，幼虫缺乏食物。夏秋疾病自然好转，主要是由于温度稳定，天气干燥，蜂王减少产卵，成年蜂与幼虫比例大，为了度夏，群内一般饲料较足，幼虫饲喂好，发育健壮，少量病虫很快被清除，残存于巢内的病毒在干燥的夏季迅速失去感染力。

【防　控】

1. 做好越冬期保温　除了箱内隔板外塞入稻草把外，箱外也要用草帘包裹，春季不宜过早撤去保温物。

2. 及时换王　这样既能保证蜂群新王繁殖，又能提高蜂群对病害的抵抗性。换王抑制病害的意义在于：断子，群内缺少寄主，切断传染的循环，减少传染源；带毒工蜂无虫可育，出巢采集，新出房的工蜂因群内无病虫，无须清除病虫，不会受到感染，在哺育下一批新王产卵孵化的幼虫时也不会成为传染媒介。通常新蜂王活力强，带毒少，前几批幼虫抗性强。

3. 中草药治疗　国内筛选了许多有一定疗效的中草药，现介绍几种：①虎杖 30 克，金银花 30 克，甘草 12 克。②穿心莲 60 克。③华千金藤（又名海南金不换），10 框蜂用 10 克。④半枝莲（又名狭叶韩信草），10 框蜂用 50 克干药。⑤七叶一枝花 30 克，五加皮 50 克，甘草 20 克。

上述配方经煎煮、过滤、浓缩，加白糖配成 1∶1 糖浆饲喂，每群每次喂 500 克中药糖浆，连续或隔日饲喂，饲喂量掌握蜜蜂当日吃完为宜，4～5 次为 1 个疗程。谨防盗蜂。

二、欧洲幼虫腐臭病

欧洲幼虫腐臭病是一种蜜蜂幼虫病害，该病于 1885

年首次系统报道，目前广泛发生于世界几乎所有的养蜂国家。我国于20世纪50年代初在广东省首先发现，60年代初南方诸省相继出现病害，随后则蔓延至全国。该病害不仅感染意大利蜜蜂，而且中蜂发病比意大利蜜蜂严重得多。

【病　原】　蜂房球菌为致病菌。该菌单个的形态为披针形，直径0.5～1微米，革兰氏染色阳性，常结成链状或成簇排列。

感染该病的蜜蜂幼虫有许多次生菌，这些次生菌能加速幼虫的死亡。最常见的次生菌为尤瑞狄斯杆菌；另一个常见的次生菌是粪链球菌，该菌由蜜蜂从野外带入蜂箱，其寄生于病虫后，会产生酸味；再一个常见的次生菌是蜂房芽孢杆菌，该菌寄生于病虫后，会产生难闻的臭味。

在死虫的干尸中，只有蜂房球菌及蜂房芽孢杆菌的芽孢能长期存活。

【症　状】　一般只感染日龄小于2日龄的幼虫，通常病虫在4～5日龄死亡。患病后，虫体变色，失去肥胖状态，从珍珠般白色变为淡黄色、黄色、浅褐色，直至黑褐色，变褐色后，幼虫气管系统清晰可见（图7-3）。随着变色，幼虫塌陷，似乎被扭曲，最后在巢房底部腐烂、干枯，成为无黏性、易清除的鳞片（图7-4）。虫体腐烂时有难闻的酸臭味。

若病害发生严重，巢脾上"花子"（不同日龄幼虫、卵、空房花杂排列）严重，由于幼虫大量死亡，蜂群中

图 7-3　蜜蜂健康幼虫（上）与患病幼虫（下）

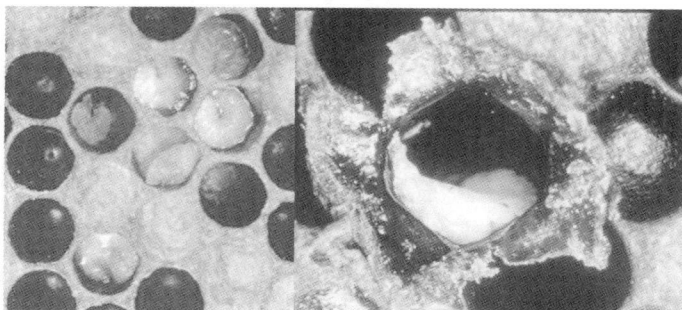

图 7-4　巢房内的病虫

长期只见卵、虫不见封盖子（图 7-5）。

蜜蜂小幼虫吞食被蜂房球菌污染的食物后，病菌在

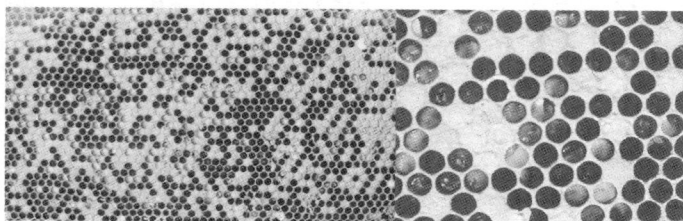

图 7-5　巢脾上的"花子"

中肠迅速繁殖，破坏中肠围食膜，然后侵染上皮，有时病菌能几乎完全充满中肠，绝大多数病虫迅速死亡，少量幼虫可能意外地（可能是病原菌繁殖量少）存活至化蛹，在幼虫化蛹前，肠道内的细菌随粪便排出，沉积于幼虫巢房壁上，其中的蜂房球菌能保留数年的侵染性，成为重要的感染源。

子脾上的病虫及幸存的病虫是主要的传染源，内勤蜂的清洁、哺育幼虫的活动会将病原菌传播至全群。群间传播主要是因调整群势、盗蜂、迷巢蜂等引起。

【流行特点】 病害的发生有明显的季节性。在我国南方，一年之中常有两个发病高峰：一个是3月初到4月中旬，即油菜花期到荔枝花期，另一个是8月下旬到10月初（福建南部可至12月份），二者基本与蜂群繁殖高峰期相重叠，即与春繁、秋繁相重叠，我国北方，一般一年就一个发病高峰期，时间一般在5～6月份，夏初雨水开始增多，蜂群刚进入繁殖高峰期的季节。

当繁殖期刚开始时，蜂群内幼虫数量少，哺育蜂相对富裕，提供给幼虫的营养足，幼虫发育健康，抗病性强，即使有少量病虫也很快被清除，再者由于幼虫营养丰富，发病后幸存的病虫相对多，于是病原菌数量逐渐积累。随着繁殖高峰期的到来，幼虫数量猛增，哺育蜂担加重，数量也相对不足，给幼虫提供的营养远不如繁殖初期，被侵染幼虫增加，哺育蜂清除不及，病害愈发严重，当大量被侵染的幼虫死亡难以被内勤蜂及时发现、清除时，就出现了典型的"暴发"。

在同样的条件下，小蜂群的发病速度相对比大蜂群快，小蜂群中哺育蜂与幼虫的数量之比较大蜂群更早达到不平衡，少量的哺育蜂面对大量的待哺育幼虫，不堪重负，幼虫获得营养不足，病害迅速发生，大量死虫清除不及。这就是为什么该病往往在"弱群"中"暴发"的原因。

大流蜜期的到来，病害常常"自愈"，其原因也是群内待哺幼虫数量少，扣王停卵抢蜜群更是无幼虫可育。故少量的幼虫可获得充足的营养，健康发育，极少量病虫被及时发现、清除，似乎病害"自愈"了。可往往随采蜜期过后，开始繁殖下一次适龄采集蜂时，病害又抬头，如此疾病反复在蜂群中发作，难以根治。

【诊　断】

（1）利用典型症状诊断，先观察脾面是否有"花子现象"，再仔细检查是否有移位、扭曲或腐烂于巢房底的小幼虫。

（2）挑出已移位、扭曲但尚未腐烂的病虫，置于载玻片上，用两把镊子夹住躯体中部的表皮平稳地拉开，将中肠内容物留在载玻片上，里面有不透明、类似白粉笔色的凝块（健康幼虫的中肠不容易解剖，而且中肠内容物是棕黄色的）。挑出凝块，按细菌简单染色法染色，油镜下可见大量病原菌。

【防　控】　目前中蜂欧洲幼虫腐臭病发病较严重，严重影响春繁及秋繁，而且病群几乎年年复发，难以根治。虽然病原对抗生素敏感，病情用抗生素较易控制，

但无法根治。需注意的问题是，防治要合理用药，严防抗生素污染蜂蜜。

1. 预防　①选择历年不发病或发病极为轻的蜂群育王及留雄蜂；②适时换王，打破群内育虫周期，给内勤蜂足够时间清除病虫和打扫巢房；③病群内的重病脾取出销毁或严格消毒后再使用。

2. 药物控制　常用土霉素（0.125 克 /10 框蜂），或四环素（0.1 克 /10 框蜂），配制含药花粉投喂。含药花粉的配制方法：将上述药物粉碎，拌入适量花粉（10 框蜂取食 2～3 天量），用饱和糖浆或蜂蜜揉至面粉团状，不粘手后，将含药花粉团装入食品级的小塑料袋中（或用保鲜膜包裹），宽度与上框梁同宽，并在袋子表面扎出十几个小孔（孔径以蜜蜂可以取食，而身体又接触不到花粉团为宜），置于巢框上框梁上，供工蜂搬运饲喂，待脾面无病虫后立即停药。

重病群可连续喂 3 次，轻病群 7 天喂 1 次，采集前45～60 天必须停药，否则蜂蜜中抗生素残留会超标。

3. 中草药防治

（1）黄芩 10 克，黄连 15 克，加水 250 毫升，煎至150 毫升，进行脱蜂喷脾，隔天 1 次，连续 3 次。

（2）黄连 20 克，黄柏 20 克，茯苓 20 克，大黄 15克，金不换 20 克，穿心莲 30 克，银花 30 克，雪胆 30 克，青黛 20 克，桂圆 30 克，五加皮 20 克，麦芽 30 克，加水 2 500 毫升，煎熬半小时滤渣，取药液加入 3 千克饱和糖浆，可一次喂 80 脾蜂，3 天 1 次，4 次为 1 个疗程。

三、蜡螟（巢虫）

在养蜂业上造成损失的蜡螟有大蜡螟和小蜡螟，在蜂箱内危害蜜蜂造成"白头蛹"的是大蜡螟，小蜡螟主要危害贮存的巢脾，饲养中蜂不提倡使用旧脾，所以，小蜡螟对中蜂的危害极小。

大蜡螟属世界性害虫，几乎遍及全世界养蜂地区。它的分布主要受温度的限制。在高纬度和高海拔地区，大蜡螟没有或很少发生；而在热带与亚热带地区，大蜡螟危害相当严重。

大蜡螟对中蜂危害特别严重。大蜡螟只在幼虫期取食巢脾（图 7-6），危害蜂群封盖子，经常造成蜂群内的"白头蛹"，严重时白头蛹可达 80% 以上的子脾，勉强羽化的幼蜂也会因房底的丝线困在巢房内（图 7-7）。

图 7-6 大蜡螟危害巢脾

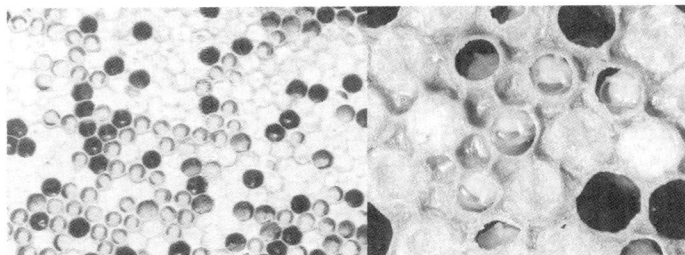

图 7-7　大蜡螟造成的"白头蛹"

【形态特征】

1. 雌蛾　体大，平均重可达 169 毫克，体长 20 毫米左右。下唇须向前延伸，使头部呈钩状，前翅的前端 2/3 处呈均匀的黑色。后部 1/3 处有不规则的壳域或黑区，点缀黑色的条纹与参差的斑点，从背侧看，胸部与头部色淡。

2. 雄蛾　体较小，重量也较轻。体色比雌蛾淡，前翅顶端外缘有一明显的扇形区，颜色也相对较淡。雌、雄蛾的大小和颜色依不同幼虫食料变化也很大：蜡质巢础培育出的二性蛾，颜色呈银白色，而以虫牌为食的蜡螟则呈褐色、深灰或黑色。

3. 幼虫　刚孵化的幼虫呈乳白色，稍大后，背、腹面转成灰色和深灰色。老熟幼虫体长可达 28 毫米，重量可达 240 毫克。

4. 卵　呈短卵圆形，长 0.3～0.4 毫米。表面不光滑。颜色初为粉红，后转化乳白、苍白、浅黄，最后变成黄褐色。卵块为单层，卵粒紧密排列。

5. 蛹茧 通常是裸露、白色的，但有些茧也会被黑色粪粒或蛀屑包裹。长达12～20毫米，直径5～7毫米。结茧处常在箱底和副盖（图7-8）。

图7-8 正在结茧的大蜡螟幼虫

【生活史和习性】 大蜡螟的生活史为2个月左右，长的可达6个月之久。周期较长的，休眠发生在前蛹期。在贵州、湖南和福建地区，室内以旧巢脾饲养，大蜡螟1年发生3代；在广东可发生5～6代；北方1～2代，危害较南方轻。

羽化后的雌蛾一般经过5小时以上才能交尾，最短的1.5小时即可交尾。交尾一般在夜间进行。交尾后雌蛾产卵器外露，四处寻找产卵场所。

成蛾羽化后既不采食也不要水分，多数在羽化后4～10天内开始产卵。产卵期平均3.4天。产卵量600～900粒之间，个别的可产1 800粒卵。产卵位置多在箱壁缝隙中。

卵在较高气温（29～35℃）下发育快，卵产下 3～5 天后，即开始孵化。在 18℃ 下卵的孵化期可延至 30 天。将卵短期暴露在极端温度下（46.1℃ 以上 70 分钟，0℃ 以下 270 分钟）会引起卵全部死亡。

湿度对卵的孵化影响也很大。空气相对湿度在 25%～35% 时，有 1/3 的卵不能孵化。高湿环境比低湿环境有利卵的孵化，使卵期缩短 1～2 天，死亡率下降 14%。但是，当湿度高于 94% 时，卵易发霉；低于 50% 时，卵易干枯，最适湿度为 60%～85% 之间。

幼虫期为 45～63 天，初孵幼虫有蚕食卵壳及怕光的习性。幼龄幼虫会先取食蜂蜜和花粉，随后会从巢房壁外部钻进花粉内，逐渐向巢脾中部延伸隧道，继续取食、生长，免受工蜂的清除。

幼虫发育最低温度为 18℃，最适温度 30～35℃。空气相对湿度 80% 有利于幼虫发育，历期缩短 17 天；湿度在 10% 时，初孵幼虫 2 天后全部死亡；湿度在 20% 时，25% 的幼虫会死亡。

初孵幼虫活泼，爬行迅速，二龄以后的幼虫活动性明显减弱。一龄幼虫体小，不易被工蜂清除，上脾可高达 90%。幼虫期一般 6～8 龄，一至二龄食量小，对蜜蜂幼虫影响不大；三至四龄食量大，钻蛀隧道，是造成白头蛹的主要虫期；五至六龄幼虫个体大，在脾上取食易被工蜂咬落箱底，不再上脾。

在蜂群内，大蜡螟幼虫的生长速率是极其惊人。如果食料与温度条件适宜，幼虫在孵化后 10 天内，体重每天会成倍增长，在孵化后第 18～19 天开始结茧。这样快的生长速率说明，一旦蜂群群势较弱或蜂箱内放置巢脾数量过多，蜜蜂稀疏（脾大于蜂），蜂群内的所有巢脾即可在 10～15 天内被幼虫毁坏。

发育中的幼虫可取食蜂群里的所有蜂产品，特别嗜好黑色巢脾。如果大蜡螟幼虫缺少食料，蜜蜂幼虫也将受其危害。在温暖季节，许多幼虫常在蜂箱底板的花粉和蜡屑中生长，但在经加工的蜂蜡，如巢础或巢蜜上的新蜡上，幼虫无法完成生活史。

拥挤与缺食常会造成大蜡螟幼虫取食同类。大幼虫会取食小幼虫、预蛹和蛹。

最后一龄幼虫结茧前会停止取食，找适宜的场所吐丝作茧，通常老熟幼虫会钻入巢框或箱底裂缝处聚集结茧化蛹。少则几十，多则成百，茧呈圆柱形（图 7-9）。

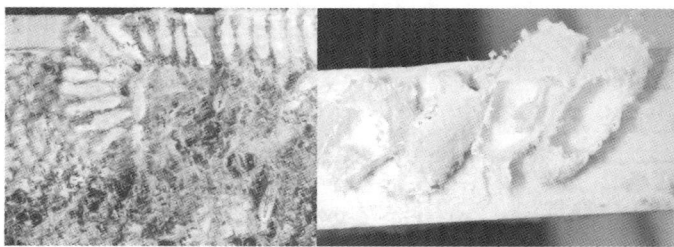

图 7-9　大蜡螟的茧

前蛹期的幼虫体显著缩小，体色加深，由浅黄色—浅褐色—褐色—深褐色。蛹多数在傍晚 5 时后羽化，30℃时蛹历期最短。越冬虫期通常为老熟幼虫或前蛹阶段。

【影响发病因素】

（1）**温度**　大蜡螟的发生与外界温度有很大关系。卵和幼虫的发育需要较高的温度（30～35℃），过低或过高的温度都会使大蜡螟生长缓慢，甚至死亡。

（2）**食料**　纯蜡和新脾对大蜡螟幼虫发育不适宜，会造成幼虫发育中断，成虫个体变小，产卵量下降。中蜂群常更换老脾，对抑制大蜡螟的发生有重要作用。

（3）**群势**　由于蜂群饥饿，疾病蜂王衰老，无王，以及农药中毒造成工蜂数量剧减，从而造成群势下降，使得蜂群无力保护暴露巢脾和驱逐侵袭的大蜡螟幼虫。不同蜂种繁殖率不同，群势相差较大，对大蜡螟的抵抗力也有差异。中蜂群势小，无力保护巢脾免受危害，常通过不断撕咬巢脾和去除蜡螟幼虫来抵抗大蜡螟的危害。

（4）**天敌**　大蜡螟的自然天敌种类很多，包括病毒、细菌、原生动物和昆虫类。已知大蜡螟重要的天敌有苏云金芽孢杆菌、核型多角体病毒、线虫、蜡螟绒茧蜂、麦蛾绒茧蜂、蜡螟大腿小蜂、红火蚁和大头蚁。

【防　控】

1. 蜂群防控　因为蜜蜂是昆虫，杀死蜡螟的杀虫剂同样能造成蜜蜂死亡，甚至蜜蜂对杀虫剂比蜡螟更敏感。所以蜂箱内不宜使用杀虫剂防控大蜡螟，可以利用蜡螟的生活习性来控制蜡螟对中蜂的危害。防治要点："新"，即使用新脾，在适合造脾的时节，给蜂群加础造脾，淘汰旧脾，因为蜡螟在新脾上不能正常生活；"清"，中蜂喜好咬脾，特别是旧脾，使得蜂箱底部蜡渣堆积，招引蜡螟产卵繁殖，要及时清除箱底蜡渣；"强"，饲养强群，提高蜂群护脾能力。

特别要注意的是，在周年养蜂过程中经常会产生残脾、旧脾、赘脾、蜡渣等废弃物，要及时处理（化蜡密封保存、深埋或粉碎后作为其他动物的饲料），不能暴露于空气中，否则会招来野外的大蜡螟前来产卵，成为蜂场巢虫的来源。

2. 巢蜜防控　巢蜜生产后在贮存期间会发出蜂蜡的香味，常吸引巢虫在巢脾上产卵，巢虫蛀食巢脾后巢蜜无法销售；又因为巢蜜是带巢脾食用的，所以不能采用药物熏蒸的方法来防除巢虫。生产上可采用冷冻法杀虫。巢蜜格取出蜂箱后立即密封包装，放入冷库冷冻处理：在 $-6.7℃$ 冷冻 4.5 小时，或 $-12.2℃$ 下 3 小时，或 $-15℃$ 下 2 小时，可杀死从卵到各龄幼虫的巢虫。冷冻法既可杀死各期的巢虫，对产品又没有任何污染，是很好的防控措施。

四、原 虫 病

（一）蜜蜂微孢子虫病

蜜蜂微孢子虫病目前存在于全世界的主要蜜蜂饲养国家。在我国，蜜蜂微孢子虫病也广泛分布，且发病率较高，经常与其他病原一起侵染蜜蜂，造成并发症，给蜂群带来很大损失。蜜蜂微孢子虫不但侵染意大利蜜蜂，也侵染中蜂，但中蜂尚未见严重发病。

【病　原】　孢子大小为3～8微米×1～3微米，椭圆形，米粒状，在显微镜下带蓝色折光，孢子内藏卷成螺旋形的极丝。

【症状及病变】　被蜜蜂微孢子虫侵染的蜜蜂无明显的体表症状，甚至当被侵染的蜜蜂中肠出现明显的损伤时，也无明显的体表症状。解剖被侵染蜜蜂则可发现，中肠由蜜黄色变为灰白色，环纹消失，失去弹性，极易破裂（图7-10）。

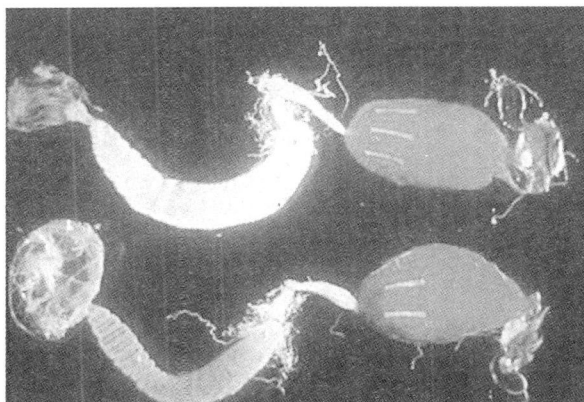

图7-10　被侵染中肠（上）和健康中肠（下）

春季及夏季，蜂群中被蜜蜂微孢子虫侵染的蜜蜂寿命只有健康个体的一半；被侵染的笼蜂寿命缩短10%～40%；此病还会引起工蜂王浆腺的发育不良，影响对幼虫的哺育，这是夏初发病蜂群中大约15%的卵不能发育成正常幼虫的原因，也间接地加重了欧幼病的发生，所

以患病蜂群的群势增长较慢。

冬季被侵染的蜜蜂，脂肪体的含氮量仅为健康蜂的 1/4～1/2；血淋巴中的氨基酸含量也低于健康蜂；直肠内容物迅速增加。病蜂表现腹泻，早衰，寿命缩短，造成蜂群越冬失败或严重的春衰（图7-11）。

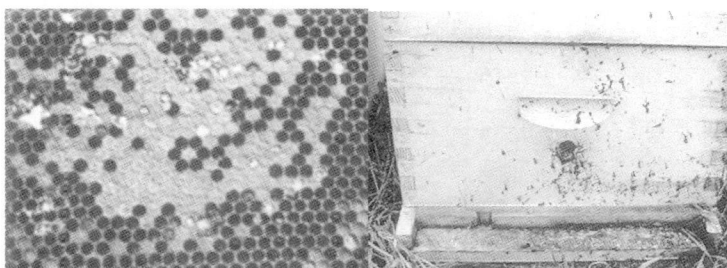

图7-11　患病蜂群的脾面（左）和巢门前的腹泻情况（右）

雄蜂及蜂王对蜜蜂微孢子虫也敏感，蜂王若被侵染，很快停止产卵，并在几周内死亡。

蜜蜂微孢子虫进入中肠后，是否能侵入中肠上皮细胞与蜜蜂中肠的围食膜的致密程度有很大关系，围食膜的致密程度与蜜蜂微孢子虫侵染成正相关，围食膜越致密，侵染越少；越疏松，侵染越多。而蜜蜂中肠围食膜的致密程度又与中肠酪素酶的活性有关，当酶活性高时，围食膜致密；酶活性低时，围食膜疏松。所以，蜜蜂中肠酪素酶的活力决定了蜜蜂微孢子虫的侵染，在一年四季中蜜蜂中肠酪素酶的活力是随季节变化的，冬春季最低。越冬及春繁饲料中添加 EM 制剂，有助于提高成年

蜂中肠围食膜的致密程度，对抵御微孢子虫的侵入有积极意义。

【流行规律】　群内个体间的相互传播通常发生在冬季及早春，外界温度低或多雨，蜜蜂被迫长时间幽闭，无法进行排泄飞行，疾病又促进了腹泻，污染箱内环境及巢脾，蜜蜂进行清洁工作时，吞食孢子。

群间传播主要是孢子能由风到处飘落，造成大范围的散布；病、健蜂采集同一区域的同一蜜源时，病蜂会污染花及水源。

在一年中，冬、春、初夏是流行高峰，到了夏季，病害发病会显著减轻。这与蜜蜂中肠酪素酶的活力变化相吻合，冬、春、初夏酶活力低，围食膜疏松，侵染严重，夏季酶活力高，围食膜致密，侵染减轻；夏季的高温也抑制了蜜蜂微孢子虫在蜜蜂体内的增殖；夏、秋季节，蜜蜂排泄方便，病蜂排出的孢子不会污染蜂箱、巢脾，减少了群内个体间的互相传染。

【诊　断】　由于病蜂在外观上没有明显的症状，诊断依靠剖检及实验室镜检：

（1）解剖蜜蜂，拉出中肠，观察中肠的颜色、弹性、环纹，病蜂中肠灰白、失去弹性、环纹消失。

（2）挑取病变中肠组织一小块，置于载玻片上，滴加适量蒸馏水，盖上盖片，轻压，400～600倍镜检，发现孢子可确诊。

【防　控】　参见蜜蜂马氏管变形虫病。

（二）蜜蜂马氏管变形虫病

蜜蜂马氏管变形虫病在欧洲、美洲、亚洲、新西兰均有发生的报道。目前不仅发生于意大利蜜蜂，对中蜂也造成危害，且严重程度大大高于意大利蜜蜂。

马氏管变形虫病常与蜜蜂微孢子虫病并发，并发的概率高于单独发生的概率，且并发后对蜂群的致病力大大高于两病害单独发生。

【病　原】 病原为蜜蜂马氏管变形虫。病原一生有两阶段——变形虫（阿米巴）阶段与孢囊阶段。变形虫阶段无固定形态，细胞柔软可任意变形；孢囊阶段则为圆球形或椭圆形，孢囊大小为 5～8 微米，壁厚，在显微镜下有淡蓝色折光（图 7-12）。

【症状及病变】 被感染的蜜蜂腹部膨胀拉长，飞行

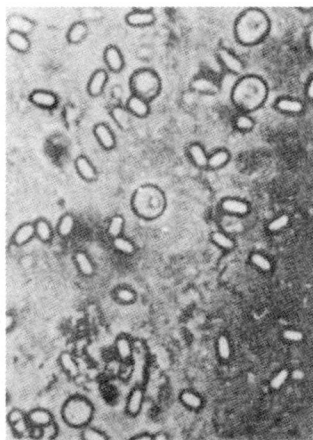

图 7-12　蜜蜂马氏管变形虫

不便。解剖病蜂，拉出中肠，可见中肠末端变为红褐色至黑色，显微镜下，马氏管肿胀、透明，有时上皮萎缩。后肠膨大，积满大量黄色粪便（图7-13）。病蜂腹泻，常聚集在上框梁处（图7-14），并且许多工蜂由于后肠堆积大量粪便无法排出，造成无力飞翔，在蜂箱周边的地面爬行，最后死亡。

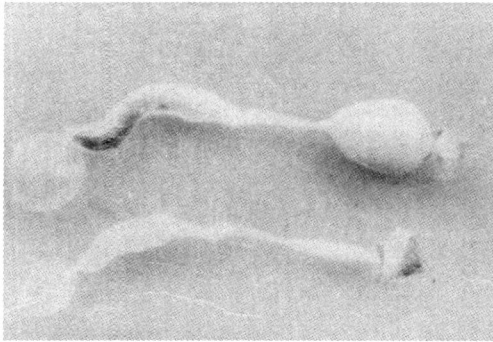

图 7-13　病蜂（上）和健蜂（下）的中后肠

图 7-14　病蜂聚集在上框梁

【流行规律】　成蜂取食孢囊后感病，孢囊进入中肠后，可能在中肠末端或直肠里增殖。孢囊萌发后形成变形虫营养体，可直接转移至马氏管。变形虫在马氏管上皮细胞内或细胞外靠伪足取食。蜜蜂被变形虫孢囊侵染后22～24天，变形虫营养体又形成新的孢囊。新形成的孢囊随粪便一起排出。

疾病的群内传播主要是蜜蜂食入病蜂随粪便排出的孢囊，可从巢脾上刮下的粪便中检查到变形虫的孢囊。

在春季马氏管变形虫的感染比蜜蜂微孢子虫早6周，我国在2～5月份有一个变形虫侵染中蜂的明显高峰，接着突然下降。在仲夏之后，侵染几乎难以发现。这种变化与蜜蜂微孢子虫极为相似。

马氏管变形虫病与蜜蜂微孢子虫并发的原因是二者传播途径、发病季节也相同，混合感染危害大，极易使蜂群出现突然的大量工蜂死亡，但二者并不互相依赖。

【诊　断】

（1）根据症状检查病蜂腹部。

（2）拉出中肠观察其颜色，病蜂中肠末端呈棕红色，后肠积满黄色粪便。

（3）挑取可疑中肠之马氏管，置于载玻片上，滴加蒸馏水，盖上盖玻片，显微镜400倍下检查，可从马氏管破裂处看见大量逸出的变形虫孢囊，即可确诊。

【防　控】　蜜蜂微孢子虫病、蜜蜂马氏管变形虫病，这两种病原虽然在蜜蜂体内的寄生部位不同，但均会造成蜜蜂肠道疾病，发生季节、环境因素均相似，防控的

方法也一样。因为一般的抗原虫药物（咪唑类药物）在蜜蜂禁用，所以重在预防。原虫引起的疾病一般发生在越冬期和春季繁殖期，防控措施如下。

（1）给予蜂群优质的越冬饲料。

（2）越冬、春繁保温要适当，注意保温与通风的协调，不使用塑料薄膜覆盖蜂箱进行保温，在温度高的晴天中午，可翻晒保温物，落日前保温物回填蜂箱。

（3）饲喂复方酸饲料，用柠檬酸 1 克，EM 制剂发酵液（EM 原露 5 毫升，倒入 1.25 升的干净可乐瓶中，再加入 10% 糖水 1 升，30～35℃条件下发酵 12 小时左右即成）50 毫升，溶于 1∶1 糖浆 1 千克饲喂，作为越冬饲料喂足；春繁季节，每群每次喂 0.5 千克，隔 5 天喂 1 次，连喂 5 次。预防效果较好。

（4）被病虫污染的蜂箱要及时洗净、消毒。

五、胡　蜂

【分布与危害】　胡蜂科中的胡蜂，俗称大黄蜂、虎头蜂、牛头蜂，不仅是我国蜜蜂的大敌害，也是世界养蜂业最主要敌害之一。胡蜂体大凶猛，常肆意在野外或蜂巢前袭击蜜蜂。在某些情况下，胡蜂还可进入蜂箱，危害蜜蜂的幼虫和蛹。在捕食中，胡蜂只取食蜜蜂的胸部，咬掉其头部和腹部，并带着蜜蜂的胸部飞回自己蜂巢，用以哺育幼虫（图 7-15）。

胡蜂在我国南方各省为夏秋季蜜蜂的凶恶敌害。沿

海地区 8～9 月份危害严重，山区在 9～10 月份最为猖獗。常年蜜蜂经越夏度秋，损失外勤蜂达 20%～30%，严重年景，倾场受害，蜜蜂举群逃亡。

图 7-15 侵入蜜蜂巢箱的胡蜂

胡蜂属有 14 种和 19 个变种。在福建，捕杀蜜蜂的胡蜂主要有 6～8 种。常见的有金环胡蜂，分布于我国、日本、法国和东南亚地区；黑盾胡蜂，分布于我国、越南、印度和法国；墨胸胡蜂，分布于我国、印度、锡金、印度尼西亚；基胡蜂，分布于我国和东南亚各国；黑尾胡蜂，分布于我国、法国、日本、印度和尼泊尔；黄腰胡蜂，分布于我国与东南亚各国（图 7-16）。

【形态特征】

1. 金环胡蜂 成虫雌蜂体长 30～40 毫米，头部橘黄色至褐色，中胸背板黑褐色，腹部背腹板呈褐黄与褐色相间，上颚近三角形，橘黄色，端部处呈黑色。雄蜂

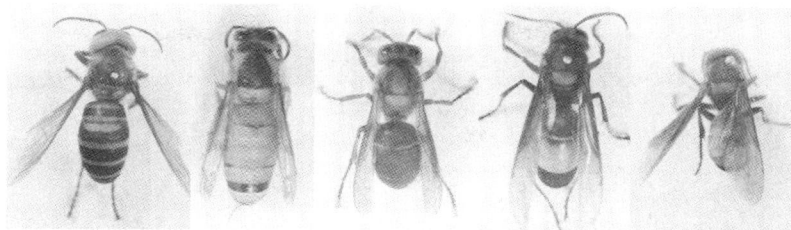

金环胡蜂　　黑盾胡蜂　　基胡蜂　　黑尾胡蜂　　黄腰胡蜂

图7-16　常见胡蜂种类

体长约34毫米。体呈褐色，常有褐色斑。

2. 墨胸胡蜂　成虫雌蜂体长约20毫米，头部呈棕色，胸部均呈黑色，翅呈棕色，腹部1～3节背板为黑色，5～6节背板呈暗棕色，上颚红棕色，端部齿呈黑色。雄蜂较小。

3. 黑盾胡蜂　成虫雌蜂体长约21毫米，头部呈鲜黄色，中胸背板呈黑色，其余呈黄色，翅为褐色，腹部背腹板呈黄色，并在其二侧均有一个褐色小斑，上颚鲜黄色，端部齿黑色。雄蜂体长24毫米，唇基部具有不明显突起的两个齿。

4. 基胡蜂　成虫雌蜂体长19～27毫米，头部浅褐色，中胸背板黑色，小盾片褐色，腹部除第二节黄色外，其余均为黑色，上颚黑褐色，端部4个齿。

5. 黑尾胡蜂　成虫雌蜂体长24～36毫米，头部橘黄色，前胸与中胸背板均呈黑色，小盾片浅褐色，腹部1～2节背板呈褐黄色，3～6节背腹板呈黑色，上颚褐色，粗壮近三角形，端部齿黑色。

6. 黄腰胡蜂　成虫雌蜂体长 20～25 毫米，头部深褐色，中胸背板黑色，小盾片深褐色，腹部 1～2 节背板黄色，3～6 节背腹板为黑色，上颚黑褐色。雄蜂体长 25 毫米，头胸黑褐色。

【生物学特性】

1. 生活史　我国闽南山区黑盾胡蜂 1 年可发生 5～6 代，闽东地区的墨胸胡蜂 1 年 4～5 代。由于种类或地区气候条件的差异，就是同一种类也由于越冬蜂王营巢产卵的始期差别较大，均可直接影响世代数的差异。

2. 生活习性

（1）群体组成　每群均由蜂王、工蜂和雄蜂组成。

（1）群势　因种类不同有很大差异，最后一代的墨胸胡蜂三型蜂总蜂数有的可达 4 000 只以上，其成蜂数约为同期基胡蜂 29 倍左右。而同一种类群势最大多出现在越冬代的前一代。

（3）筑巢　最早 3 月中旬开始活动，4 月上旬单独觅寻屋檐下或避风向阳的灌木、乔木枝干上第一次筑巢并开始产下第一代卵，这时蜂巢单脾悬挂，巢房口向下，巢房数仅 20～30 个。整个巢脾边缘开始有巢壳，但仍自然可见巢内蜂王逐房饲喂幼虫的情况，第二代出现第二片巢脾（有的还筑成第三片巢脾），总巢房数 100～150 个，这时巢脾已被巢壳所包裹，蜂巢呈球状，仅留直径约 2 厘米的巢口出入。胡蜂一般都选在冬暖夏凉、温湿度适宜的场所营巢，不同种类选择筑巢场所颇有差异。个体大的胡蜂常于地下掘洞筑巢，如金环胡蜂、黑

尾胡蜂。小型胡蜂于高枝筑巢，如基胡蜂、墨胸胡蜂。

（4）**出勤**　夏秋两季胡蜂每天出勤通常都有明显的两个高峰，夏季5时30分和16时30分前后，而秋季均推迟1小时左右。

（5）**食性**　通过越冬代（12月中旬）观察胡蜂采回的食物，可以辨认的多为昆虫类，属杂食性的，但山区的蜜蜂为主要的捕食对象，特别是在食物短缺季节，更集中捕杀蜜蜂。

据观察，在有东方蜜蜂和西方蜜蜂的蜂场里，胡蜂更偏向进攻西方蜜蜂。若有2种胡蜂存在，个体较大的胡蜂进攻西方蜜蜂；个体小的胡蜂则捕杀东方蜜蜂。

胡蜂捕杀蜜蜂有多种方式。金环胡蜂捕杀蜜蜂经历3个阶段：第一阶段为"捕食阶段"，胡蜂每次捕猎一只蜜蜂，咬下其胸躯做成肉团；第二阶段为"屠杀阶段"，每个蜂箱受到几只胡蜂的同时进攻；第三阶段为"占据阶段"，20～30只胡蜂可将防御蜂咬杀，在数小时内杀死5 000～25 000只蜜蜂。然后占据蜂箱，将蜜蜂巢中的蛹、虫和成蜂运回自己的巢穴，哺育后代。

（6）**越冬**　在闽东、闽南地区，黑盾胡蜂、墨胸胡蜂和基胡蜂越冬代交尾成功的雌蜂均于1月中旬至2月初分批逐渐弃巢迁飞到暖和、气温较稳定又干燥避风的山村屋檐下、墙洞裂缝、腐蛀的树洞孔隙、墓洞裂缝等处，通常集结越冬，越冬期50～70天。

【防　除】　胡蜂在南方山区危害严重，特别是夏秋季节。胡蜂性情凶暴，攻击性强，营巢地点隐蔽，防除

较难。可根据胡蜂的生物学特性予以防除。

1. 药杀 先准备一个透明的玻璃瓶，瓶内置少量具熏蒸作用的粉剂农药（如林丹），在蜂场用捕虫网捕捉胡蜂，将被捉胡蜂引入药瓶中，盖上瓶盖，任其振翅3～5秒钟，开盖，让胡蜂将药剂带回蜂巢，毒杀巢内胡蜂。一般一巢胡蜂有十余只带药回巢，即可毒杀整群胡蜂。所以在胡蜂危害季节，在蜂场连续数日处理，可使来犯胡蜂数量明显减少。注意，在药瓶中不宜让胡蜂振翅太久，否则，胡蜂接触药剂量过大，会死亡于回巢的路上，反而达不到让其将药剂带回蜂巢的目的。

若已探明胡蜂巢的位置，又是人员容易达到的地方，可于天黑后，用红光（可用红布包裹手电筒）作为照明，将蘸满敌敌畏的棉团堵塞胡蜂巢口（巢口一般开口于面向开阔地带的一面），十余分钟后，巢内胡蜂将全被毒杀，然后铲去蜂巢即可。注意，操作过程中，不要触动巢壳，否则胡蜂会倾巢而出，有被蜇伤的危险；药棉不要塞进巢内，效果反而不如堵在巢口好。

2. 诱杀 将1.25升可乐瓶从口部之下1/4处平整剪下，瓶口倒插入瓶身并固定，瓶内可放置加了少许醋的蜂蜜或刚刚开始腐败的生肉或水果，作为引诱剂，放置在蜂箱大盖上，胡蜂闻到味道后，可通过瓶口爬入，却无法从悬空且狭小的瓶口爬出，从而诱杀侵犯蜂场的胡蜂。

六、中 毒

（一）农药中毒

目前，各种农作物广泛使用农药。由于蜜蜂对目前使用的多数农药敏感，使得蜜蜂农药中毒成为世界范围的养蜂业的一个严重问题。在美国，每年死于农药中毒的蜂群多达 50 万群，几乎占蜂群总数的 10%。在我国，农药中毒已经造成某些地区养蜂业的巨大损失，一些蜜源作物如棉花、向日葵及柑橘，由于农药大量使用，在某些地方使得蜜蜂无法采集粉、蜜。

蜂群农药中毒后所表现的第一迹象，就是在蜂箱口处出现大量已死或将要死亡的蜜蜂，这种现象遍及整个蜂场。许多农药不仅能毒死成年蜂，而且还能毒死各个时期的幼虫。大多数的农药常使采集蜂中毒致死，而对蜂群其他个体并无严重影响。有些时候，蜜蜂是在飞回蜂箱后大量死亡，造成蜂群群势严重削弱。极端情况是，农药由采集蜂从外界带进蜂箱内，使蜂箱内的幼虫和青年工蜂中毒死亡，甚至全群死光。

【农药种类及毒性】 农药种类很多，但归纳起来，对蜜蜂毒杀作用不外是胃毒、触杀和熏杀。农药喷洒到植物上以后，有的是通过蜜蜂采粉和采蜜或巢内的清洁活动，直接吞食药物，产生胃毒作用；有的是与蜜蜂体壁相接触而产生的触杀作用；有的是通过蜜蜂气门

进入其体内而产生的熏杀作用。其中以胃毒作用较为常见。

一旦农药进入成年蜂体内，就有可能出现几种作用方式。药物可能只侵害消化道，造成其麻痹或肌肉上的毒害，使成年蜂无法获取所需的营养，腹部膨胀，脱水死亡。更为常见的是，农药以各种途径侵害蜜蜂的神经系统，以致蜜蜂的足、翅、消化道等失去功能而死亡。

农药对蜜蜂的毒性可分为：高毒、中等毒性和对蜜蜂相对无害的（表 7-1）。农药对蜜蜂的毒性大多是根据室内和田间测定的 LD_{50}（半数致死量）来确定的。

【中毒症状】 不同类型的农药，蜜蜂中毒后会呈现以下不同症状。

1. 有机磷农药 一六〇五，甲基一六〇五，乐果、二溴磷、速灭磷、敌敌畏、久效磷、马拉硫磷、甲拌磷、磷胺、特普、毒死蜱等。典型症状：一般有呕吐，不能定向行动，烦躁不安，许多蜜蜂留在箱内直到麻痹死亡。蜜蜂腹部膨胀，绕圈打转，双翅相连张开竖起。

2. 氯化氢烃类农药 艾氏剂、氯丹、滴滴涕、狄氏剂、异狄氏剂、七氯、毒杀芬等。典型症状：行动反常，震颤，好像麻痹一样拖着后腿，双翅相连张开竖起。有许多蜜蜂虽有以上症状，仍能飞出巢外，因而中毒蜜蜂不仅会死在箱内，也会死在采集点与蜂箱之间。

表7-1　实验室及田间测定的农药对蜜蜂的相对毒性

第一组　剧毒农药　（LD_{50}=0.001～1.99 微克／蜂）

农　药	LD_{50}（微克／蜂）	农　药	LD_{50}（微克／蜂）
特　普	0.001	杀螟松（杀螟硫磷）	0.383
毒死啤	0.114	氨磺磷	0.417
狄氏剂	0.139	谷磺磷	0.423
虫螨威	0.160	二溴磷	0.480
一六〇五（对硫磷）	0.175	敌敌畏	0.495
乐　具	0.188	七　氯	0.526
杀扑磷	0.236	林丹（灵丹）	0.562
苯硫磷	0.245	马拉松（马拉硫磷）	0.709
甲基一六〇五	0.268	亚胺硫磷	1.06
涕灭威	0.285	高灭磷（杀虫灵）	1.20
百治磷	0.300	甲萘威（西维因）	1.34
倍硫磷	0.308	残杀威	1.35
百克威	0.308	杀虫畏	1.37
久效磷	0.350	甲胺磷（杀螨灵）	1.37
丰索磷	0.350	磷胺（大灭虫）	1.46
艾氏剂	0.353	甲基三硫磷	1.46
速灭磷（磷君）	0.360	灭多虫	1.51
二嗪磷（地亚农）	0.372	合杀威	1.66
灭虫威（来梭威）	0.375	砷化物、含砷制剂	1.78

第二组　中等毒性农药（LD$_{50}$=2.0～10.99 微克 / 蜂）

农　药	LD$_{50}$（微克 / 蜂）	农　药	LD$_{50}$（微克 / 蜂）
异狄氏剂	2.02	乙拌磷	5.14
对溴磷	2.19	滴滴涕	5.95
丁烯磷	2.26	来蚁灵	7.15
壤虫磷（毒壤磷）	2.33	硫　丹	7.81
氯灭杀威	2.36	氯　丹	8.80
一〇五九（内吸磷）	2.60	伏杀磷	8.94
嘧啶威（嘧啶兰）	2.95	三九一一（甲拌磷）	10.07
砜吸磷	3.00	VydateR$_2$	10.32
三硫磷	4.47	伐虫脒（抗螨脒）	14.27
乙滴滴	4.47		

第三组　相对无毒农药杀虫剂及杀螨剂（LD$_{50}$=11.0 微克 / 蜂以上）

丙烯除虫菊（丙烯菊酯）		除螨酯（分螨酯）	
苏云金杆菌	冰晶石（氟铝酸钠）	多羟病毒	甲氧滴滴涕
乐杀螨	二溴氯丙烷	灭蚜松	杀螨醚
克杀螨	开乐散（三氯杀螨醇）	氯化松节油	烟碱（尼古丁）
氯杀螨（氯杀）	消螨酚	灭螨猛	四硫特普
开　蓬	敌螨通（消螨通）	克螨特	除虫菊
杀虫脒（克死螨）	敌杀磷（敌恶磷）	鱼藤酮	鱼尼汀
杀螟螨	乙硫磷（1240）	三氯杀螨砜（涕涕恩）	沙巴草
乙酯杀螨醇	毒杀芬	敌百虫	

3. 氨基甲酸酯类农药　甲萘威、虫螨威、灭害威、敌蝇威、自克威、灭多虫等。典型症状：爱寻衅蜇人，运动不规则，无法飞翔，昏迷，呈麻痹状死亡。多数蜜蜂死在蜂群内，蜂王停止产卵。

4. 二硝酚类农药　敌螨普、二硝甲酚、消螨酚、地乐酚等。典型症状：类似氯化氢烃类农药的中毒症状，并伴随类似有机磷中毒的呕吐症状。大部分中毒蜜蜂死在蜂群里。

5. 新烟碱类农药　吡虫啉、噻虫啉、噻虫胺、呋虫胺等，低毒、高效、残效期长，适用农业害虫多，对人畜较为安全，在我国农业生产上应用很广，但对蜜蜂高毒。

6. 植物性农药　除虫菊、丙烯菊酯及合成除虫菊酯、烟碱、鱼藤酮、鱼泥汀、沙巴草等。典型症状：高毒性的合成除虫菊酯类可引起呕吐，同时出现不规则的运动；随即不能飞翔，昏迷，以后呈麻痹，垂死状，迅即死亡。中毒蜂常死于采集地区和蜂群之间。这类农药中的其他农药，在田间使用标准剂量时，对蜜蜂没有毒害。

7. 细菌性农药　如苏云金杆菌。这种细菌由于会产生一种结晶毒素，对某些昆虫有毒性，但对蜜蜂没有发现有毒性。

8. 昆虫病毒农药　多羟病毒及克虫毒等。此类农药至今未发现对蜜蜂有毒性。

9. 昆虫激素及昆虫生长调节剂　蒙五一五、蒙五一二等。迄今为止，这类药物的实验表明其对蜜蜂成虫没有毒性，对蜜蜂卵、幼虫和蛹的毒性如何目前尚不清楚。

　　总而言之，在任何蜂场，如果外界正值蜜粉源开花季节，蜂箱内外出现大量挣扎的蜜蜂，随后死亡，而且死蜂后足仍带有花粉团（图 7-17、图 7-18），可以怀疑蜜蜂农药中毒。再根据中毒蜜蜂的症状，明确蜜蜂死于何种类型的农药中毒，采取相应的防治措施。此外，蜜蜂中毒除表现采集蜂大量死亡外，严重时，箱内幼虫也会中毒死亡。中毒幼虫常从巢房脱出，称为"跳子"。许多巢房的封盖会被咬开，内有许多死亡的蛹。蜂群严重中毒会使箱内大量内勤蜂丧失，一部分蜜蜂蛹可能死于饥饿和缺乏照料。一般情况下，蜂王由于吃哺育蜂分泌的王浆则侥幸存在，可能会随蜂箱内剩余蜜蜂弃箱逃亡。

图 7-17　蜜蜂农药中毒后的巢门和脾面情况

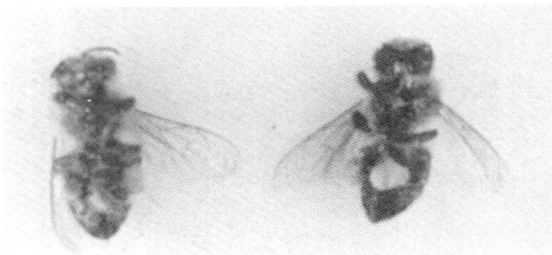

图 7-18　农药中毒的蜜蜂

蜜蜂中毒后一般死在蜂箱外。如果蜜蜂载着毒花蜜飞回蜂群，由于箱内已有大量食物，可以防止箱内蜂蜜普遍受污染。回到箱内的中毒采集蜂，往往还没有卸下花蜜就会被驱赶出蜂箱。如果内勤蜂接受采集蜂的有毒花蜜后，在酿蜜过程中，有将有毒食料留在蜜蜂胃里的趋势，并会被别的蜜蜂赶出箱外。守卫蜂也会阻止举止失常或带有讨厌气味返巢的蜂进入箱内。

采集蜂也可能采集受农药污染的花粉，并将其带回箱内。如果采集蜂严重中毒，那么在其未卸下花粉时就会被内勤蜂赶出箱外。如果污染的花粉已装进巢房，那么内勤蜂在利用花粉过程中会发生中毒。

蜜蜂的上述行为防止了外来毒源对箱内蜂蜜和花粉的进一步污染。在箱内取出的蜂蜜和花粉中很少检验出外界施用的农药污染物，说明采集蜂的农药中毒一般不会影响箱内的蜂蜜质量。

【中毒处理】 蜜蜂发生农药中毒，一般无有效的解毒方法，若死蜂严重，迁场是唯一的办法。若死亡不严重，可将箱内贮蜜清空，换成糖浆或蜂蜜，条件许可（气温较低），则可关闭巢门，蜂箱上覆盖湿麻袋，加强蜂群的通风（打开蜂箱前后通风窗），防止蜂群因过度密闭而闷死，两三天农药消散后再打开巢门。

（二）植物中毒

蜜蜂植物中毒一般只局限于某些地区，对蜜蜂的危害相对于农药中毒小些。然而在某些情况下，某种植物

的花蜜和花粉也会给蜂群带来严重损失。

在蜜蜂所采的植物中，对蜜蜂或其幼虫有毒的种类只有少量。其危害严重性因环境条件的不同和其他无毒蜜粉源植物的竞争而有差异。有的植物表现为花蜜中毒，有的为花粉中毒，有的则是甘露中毒。有毒植物对蜜蜂的毒害如果是花蜜的话，中毒症状往往随开花期出现，随花期的结束而消失；如果是花粉的话，症状可以一直拖延到巢脾的花粉用完为止。

植物中毒比起农药中毒较为渐进，时间拖得较长，通常每年在相同时期和地区会重复出现，危害程度不是每年相同。当成年蜂中毒时，在箱门口，离蜂箱一段距离的地面和植物的周围会出现成堆的死蜂。新出房的幼蜂会出现麻痹状，无力地在地面爬行，翅膀扭弯、起皱，或者不能从腹部脱下最后的蛹皮。

蜜蜂幼虫受植物中毒后，从卵的孵化至幼蜂的出房时期内均可能发生死亡。死亡的幼虫不会呈现棕褐色或黑色。

蜂王有时也会发生植物中毒，受七叶树中毒后的蜂王所产的卵不会孵化，或孵化后的幼虫很快死亡。有时蜂王中毒后不会产卵，或只能产雄蜂卵，行为出现反常。蜂王中毒时蜂群死亡率相当高。

【有毒植物种类及中毒症状】 不同的有毒植物由于含有不同的毒素，对蜜蜂毒害症状可能是不同的。现将世界范围的有毒植物种类介绍于下：

1. 海韭菜 生长于非洲、欧亚大陆和美洲的盐碱地，

可产生一种生氰糖苷毒物。虽然没证据表明它同蜂群的损失的关系，但在美国仍被怀疑为重要的蜜蜂有毒植物。

2. 郁金香　是一种普通庭园花卉，含有对蜜蜂有毒的甘露糖和半乳糖，采集郁金香花的蜜蜂会死于花上。

3. 黎芦类植物　已知报道对蜜蜂有毒的黎芦植物有蒜黎芦、兴安黎芦、加州藜芦。它们含有几种糖原生物碱，对昆虫有毒性。幼蜂比成年蜂对黎芦花粉对更敏感，常见成年蜂黏在树上死亡。在有其他蜜源存在时，蜜蜂会放弃对黎芦的采集。

4. 棋盘花　含有类似于藜芦植物所含的生物碱，每年春天和初夏会造成大量成蜂死亡，其花蜜和花粉对蜜蜂均有毒性，但花蜜分泌较少。本地蜜蜂似乎对其毒性有相对免疫力。

5. 栎树　在土壤含有高浓度钙的条件下对蜜蜂有毒，采集蜂常死于树上。栎树叶上的蜜露会滋生于一种对蜜蜂有毒的真菌。对靠近栎树的蜂群进行糖浆饲喂，可防止蜜蜂的死亡。

6. 乌头属植物　含有对哺乳动物毒性很高的乌头碱。蜜蜂取食花粉25分钟后会出现中毒，足麻痹，整个体躯痉挛，最后导致死亡，蜂王和雄蜂也会发生中毒。

7. 毛茛属植物　含有剧毒的原白头翁素。在春天植物开花对蜜蜂威胁较大，其花粉的毒性可维持3年之久。内勤蜂发生中毒后，在巢门口颤抖着无法飞行，足失去控制，背朝下猛烈地旋转，很快瘫痪死亡。死蜂的腹部收缩呈弓形，四肢痉挛，翅膀张开。

8. 黄芪类植物　植株不断累积硒元素，造成对采集蜂的毒害。幼虫由于花蜜和花粉的作用生长缓慢。采集蜂中毒后常死于树上或坠落于蜂箱前，严重时，蜂王停卵，幼虫死亡。

9. 黄柏　果实、种子和树皮含有阿扑吗啡、原黄连素和一些生物碱。蜜蜂取食黄柏蜜露2～3天后死亡，用这种蜜露酿制而成的蜂蜜饲喂蜜蜂，7～10天发生蜂死亡。

10. 大戟属植物　包括银边翠、一品红等。其蜂蜜对人和蜜蜂均有毒。人取食蜂蜜后喉咙有灼热感。蜜蜂取食其花粉和蜂蜜后机体麻痹，腹部蜷缩，翅膀张开，在踏板走动时，由于足无力只能做曲线运动。饲喂花粉代用品能减少蜜蜂对有毒植物的采集。

11. 椴树属植物　包括大叶欧椴、小叶欧根和银椴。蜜蜂采集这类植物花粉偶尔会染上"杉毒病"，采集蚜虫危害后的蜜露会引起蜜蜂的死亡。中毒的蜜蜂失去飞翔力，身体蜷曲，行为异常，箱内蜜蜂呈麻痹状，树下常有成堆死蜂。有毒花蜜内含有半乳糖甘露糖和蜜二糖，可造成笼蜂中毒。中毒症状因不同气候条件、地区而有差异，在干旱时或单独采集椴树植物时症状比较严重。因此，同种树在不同气候下可能是蜜源，也可能是养蜂业的灾难。

12. 山茶花　其蜜含有蜜三糖，可造成大量蜜蜂幼虫死亡。如其花蜜与其他花蜜混合稀释，对成年蜂和幼虫不造成伤害。

13. 杜鹃花　对蜜蜂有毒的种类很多，花含有毒素。花蜜分泌较少，对蜜蜂引诱力不大，但采集蜂仍出现中

毒症状。在花凋谢前从花芽上采集蜂胶的蜜蜂常出现成百以上的死亡。

14. 断肠草 可产生花粉，也可产生一些花蜜。蜜蜂采集其花粉后会瘫痪死亡，年幼内勤蜂比外勤蜂更敏感，幼虫不出现中毒症状。人食用断肠草花蜜酿造的蜂蜜后，会发生中毒。

15. 马利筋属植物 含有几种有毒的强心苷，对动物有毒。有毒花粉令蜜蜂难以消化，外勤蜂采集后，腹部膨大，稍挤压腹部即可爆破。在中欧地区，有些马利筋属种类的花蜜含有高浓度的尼古丁，对蜜蜂有毒。

16. 菟丝子 对蜜蜂有毒，常常造成取食的蜜蜂的迅速死亡。在美国一些养蜂地区，蜜蜂采集因干旱而凋谢的花时，损失率可达50%。

17. 田野水苏 在英格兰和澳大利亚广泛分布，据知可使羊中毒。此外，其分泌的花蜜可使采集蜂死亡，中毒蜂的肠道内充满泡沫。在蜂群内，内勤蜂一般感染最重。

18. 曼陀罗 含有类似阿托品、天仙子胺、天仙子碱的毒素，对脊椎动物有剧毒。蜜蜂偶尔采集，其蜂蜜对人有毒。对蜜蜂毒害情况尚不知晓。

19. 天仙子 含有奖若碱、天仙子胺、天仙子碱和阿托品。蜜蜂采集其蜜、粉后，成虫和幼虫均会死亡，蜂群严重衰落。

20. 烟草 含有能杀虫的尼古丁、去甲烟碱、新烟碱。采集烟草花的蜜蜂，其种群会下降，足、体躯及翅膀都会被黏住。

21. 龙葵　广泛分布于全世界，可使牲畜和家禽中毒。龙葵有花粉却很少有花蜜。蜜粉中含有由一种糖类和茄啶组成的茄碱毒素，采集蜂常死于这种植物下。

22. 毛地黄　含有大约 12 种强心苷。在广泛栽培毛地黄的地方，其花粉会使蜜蜂中毒。其种子提取物毛地黄皂苷混在糖浆内喂给蜜蜂会产生强烈的毒性，用 0.05% 浓度饲喂蜂群，3～4 小时后部分蜜蜂出现瘫痪。

23. 茶树　普遍种植于我国南方各省，冬季开花，花粉橙色，无毒；花蜜含有较高的多糖成分，对蜜蜂幼虫有较高毒性。在茶树开花后期会引起幼虫大量腐烂，成蜂一般不表现症状。在干旱年景中毒严重，蜂群采集茶花季节，可对蜂群饲喂糖浆以稀释多糖。

24. 枣树　栽培于我国华北地区，每年 5～6 月份开花，花期约 1 个月。花蜜含有生物碱类物质，会使成年蜂中毒。在干旱年景，采集蜂发生枣花病，损失可达半数以上。中毒蜂初期腹部膨大，飞翔能力逐渐丧失，坠落于蜂箱附近做跃式爬行，腹部不停地抽搐，死后双翅张开，腹部钩缩，吻伸吐，高温干燥，病害更为严重。

25. 大藜芦　多年生草本植物，广泛分布于我国黑龙江省和吉林省的东部和北部山区，开花期 6～7 月份，花粉含有藜芦碱，采集蜂取食花粉后 2 小时出现抽搐，翻滚，腹部膨大，无力飞行，爬出巢门痉挛而死。

26. 油茶　一种木本油料植物，广泛分布于我国长江流域各省和福建省等地。冬季开花，流蜜量大，白而浓稠，花蜜含多糖成分和生物碱类物质，蜜蜂采集花蜜

后引起腹胀中毒，不能飞行，在巢口爬行，之后死亡，无抽搐和痉挛等现象。

27. 松柏类植物　本身不会产生对蜜蜂有毒的花粉或花蜜，但当有大量蚜虫和介壳虫寄生时，蜜蜂会采集大量由寄生昆虫分泌出的糖汁液，这种甘露蜜含有较多的矿物盐和糊精物质，蜜蜂会因难以消化而中毒死亡；严重时，蜂王和幼虫也会死亡。死亡工蜂腹胀，无力飞翔，中肠松缓，呈灰白色，内容物含有黑色絮状沉淀，后肠有黑色的粪便。

【中毒处理】　蜂群发生植物中毒，只能迁场，避开有毒蜜粉源。

（三）对人有毒的蜜源植物

在蜜源植物中，有少数种类的花蜜，蜜蜂采集酿造后的蜂蜜，人食用后会中毒，为识别有毒蜜源植物，防止和减少有毒蜂蜜对人的危害，将主要的种类介绍如下，在蜂蜜生产、销售过程中应特别注意。

1. 雷公藤　别名黄藤根、断肠藤，为卫矛科藤本灌木，主要分布于长江以南各省及华北的深山区，花期6～7月份。

2. 博落回　别名号筒草、滚地龙、土霸王，罂粟科多年生直立草本植物。中国长江以南、南岭以北的大部分地区均有分布，南至广东，西至贵州，西北达甘肃南部均有分布，花期6～7月份。

3. 钩吻　别名葫蔓藤、断肠草，马钱科长绿藤木，

主要分布于华南、西南地区，花期为 10～12 月份。

4. 苦皮藤 别名苦树皮、马断肠，卫矛科藤本灌木，主要分布于西北、西南等地区，花期为 5～6 月份。

5. 大黎芦 为百合科多年生草本植物。主要分布于东北林区，花期 6～7 月份。

6. 紫金藤 别名大叶黄藤、昆明山海棠，卫矛科藤本灌木，分布于长江以南及西南山区，花期 7～8 月份。

七、其他病虫敌害

中华蜜蜂在饲养过程中还有其他一些病害、虫害和敌害，分述如下。

（一）温度伤害

【危　害】

1. 高温 蜂群过热，是由于持续的高温和蜂群丧失调温能力造成的，蜂群在长途转地过程中，若群势过大，蜂箱缺乏充足的空间和通气条件，往往造成一些老蜂的不断骚动和取食，使蜂箱内的温度不断上升。这样，除造成相当一部分成蜂的死亡外，卵受到过高温度的伤害表现为失水干枯，无法正常孵化；箱内的幼虫和蛹由于无法忍受这种致死高温而死亡。幼虫的最低致死高温为 37℃。

2. 冻害 卵、蜜蜂幼虫受冻，是由于外界天气过冷所致。春季繁殖期，幼虫的数量超过成年蜂所能照顾的量和夜晚寒冷时蜂团收缩所能维持的温度低于虫、卵所

需温度，虫、卵受冻经常出现。也有可能是蜂群由于杀虫剂毒害或人为分蜂后部分老蜂返回原巢造成的群势突然下降所致。一般来说，在蜜蜂繁殖季节外界气温持续一段时间低于14℃，又没有足够多的成年蜂护脾保温，就很可能造成虫卵受冻。受冻的幼虫和卵多出现在蜂团的侧面和下部边缘。受冻幼虫的外表不一，有的平整，有的褶皱，一般为奶黄色，腹部边缘带有黑色或褐色。幼虫质地干脆，呈沺脂或水状，但不黏稠。气味一般较淡，有时也有令人讨厌的酸味。封盖幼虫的死亡有时会出现封盖穿孔现象。冻死幼虫显微诊断一般找不到病原微生物。受冻的蜂卵通常呈干枯状，无法孵化。

【防控方法】　夏季注意蜂群的遮阴，蜂群安置时就应考虑阴凉的场地；温度过高时（外界气温大于35℃），有条件的可以在蜂场、蜂箱上喷水降温。

蜂群越冬前，做好蜂箱内的保温工作。根据群势适当抽脾，让蜂群适度拥挤（蜂多于脾），在隔板外放置晒干的稻草把，副盖与箱盖间铺稻草垫、棉毡或旧棉毯。早春时不要太早撤去保温物，利用晴好天气翻晒保温物，傍晚及时装回蜂箱。

（二）两栖类敌害

【危　害】　蛙和蟾蜍会捕食蜜蜂。我国南方水稻区和林区，蛙和蟾蜍种类众多，大量捕食昆虫和小动物，在生态系统中起一定作用。在外界食料少的情况下，蛙和蟾蜍将成为山区和林区边缘的蜂群的严重敌害，甚至毁掉蜂群。

　　我国蛙和蟾蜍种类众多，分布很广，主要有中华大蟾蜍（癞蛤蟆）、泽蛙、雨蛙、林蛙、狭口蛙和黑斑蛙等，其中以蟾蜍对蜜蜂危害最大。蟾蜍白天多隐藏于石下、草丛、石洞、蜂箱底，黄昏出现于草地或路旁，夜晚出来捕食。在夏季的傍晚，蟾蜍会待在巢门口，捕食进出巢门口的蜜蜂，每只蟾蜍一晚上可吃掉数十只甚至一百只以上的蜜蜂。

　　【防控方法】　将蜂箱垫高20厘米以上，既预防蟾蜍、蛙类在巢门口捕食，又可以降低蜂箱的湿度。

八、蜂群安全用药

（一）蜂群用药问题

　　目前我国蜂产品生产中由于蜂病防治上抗生素的及农药不合理使用造成蜂产品的污染现象较多，蜂产品中的抗生素残留来源主要是治疗蜜蜂疾病时饲喂的抗生素；而农药残留则是蜂群治螨时使用的农药。造成蜂产品污染原因为：

　　1. 滥用　在饲养管理蜂群的过程中，不管蜂群是否需要用药，长期预防性使用抗生素，甚至在蜜蜂采集期也用药。

　　2. 乱用　蜂群一旦发病，在没有确诊什么病原引起疾病的情况下，盲目用药；不根据允许使用的抗生素种

类随意使用，甚至使用禁用药物（如氯霉素等）。

3. 大剂量用药　超过规定剂量，大剂量使用药剂。

4. 施药方法不当　过去在治疗蜜蜂病害时，常使用配制含药糖浆的方法，而这种方法确是最易造成蜂蜜污染的，因为，蜜蜂会将含药糖浆搬到巢房内，直接污染蜂蜜。

抗生素在蜂蜜中的残留期是非常长的，一般可达 2～4 年，并且高温（90℃）处理也不能完全破坏。

当今国际上对蜂群使用抗生素采取极为慎重的态度，许多药剂禁用，以避免蜂产品的抗生素污染。2002—2004 年欧盟因在我国出口的蜂蜜中检出氯霉素，对我国蜂产品实行全面禁进，我国蜂产品出口全面受阻，产品价格急剧下跌，对我国养蜂业打击极大。虽然在 2005 年，欧盟对我国的蜂产品禁进已经解除，但对进口我国蜂产品仍持保留态度。近年来我国对食品安全的要求已与国际接轨，对蜂产品中抗生素的残留要求十分严格。这些都要求合理使用抗生素，并做好用药记录，保证蜂产品质量符合药物残留规定。

（二）蜂群用药原则

1. 合理的用药时机　临床上选用抗生素时应对致病菌种类、药物作用特点、蜂群情况等全面考虑，根据适应证选用，可用可不用者尽量不用，病原不明者不用，禁止预防性用药。抗生素的适应证只有蜂群的细菌病，而真菌病、病毒病、原虫病使用抗生素无效。抗生素禁止作为预防用药物使用，一则造成蜂产品污染，二则易

诱导出耐药性菌株。抗生素应在前期管理良好的基础上，突发细菌性病害时，短期使用。一般在发现子脾上出现"花子"，并确定是细菌感染后使用。

2. 合理的药剂种类　抗生素中，目前仅允许使用金霉素、土霉素、四环素治疗蜜蜂细菌性幼虫病。其他种类各国都是绝对禁止使用的，一旦在蜂产品中查出，立即判定为不安全产品，产品需立即销毁。蜂群用药的允许种类，可按农业部 193 号、235 号公告执行。

3. 合理的剂量　在蜂群中使用药物的计量至今没有官方标准，以往许多文章中推荐的抗生素剂量（0.5～1 克／群）往往偏大，根据试验，每群蜜蜂饲喂 0.125 克的四环素或土霉素就足以控制细菌病的发展。

4. 合理的用药途径　通常喂药方式为制作含药糖浆饲喂，这种方法极易造成蜂蜜污染。因为，蜜蜂会将含药糖浆搬运到贮蜜房内的。推荐的方法为将药物碾细均匀拌入花粉中饲喂蜜蜂，一则幼虫、成年蜂都要食入花粉从而接受药物，二则多余的含药花粉会进入粉房，不会污染蜂蜜。

5. 用药记录　往往被广大养蜂员忽视。现代标准化、规范化饲养均要求对饲养过程有详细的记录，特别是对疾病的控制时的用药记录必须完整、规范。在每次用药前必须详细记录以下事项：蜂种、时间、地点、蜂群基本情况、气候、病害名称、诊断者、病情（发病群数、病害严重度等）、用药处方、药物来源、用药量、用药途径、用药天数、病情变化、结束时期。特别是蜂产

品供出口的更应做好月药记录，使得产品具有有效追溯依据，有利于维护产品的信誉。

6. 中草药的使用 中草药防治蜂病具有有效、安全、残留低、无污染的优点。是蜜蜂疾病防治上急需总结、推广的。我国广大蜂农在养蜂实践中总结出许多行之有效的配方，值得推广。

7. 注意停药期 抗生素的使用应在蜂群生产季节之前，一般蜂群在进入大流蜜期后，许多疾病往往"自愈"，这也给生产季节停止使用药物一个机会。试验证明，若在生产季节前 45～60 天停止使用抗生素饲喂蜂群，在生产季节生产的蜂蜜中抗生素残留均可达标（允许使用的品种）。即蜂群停药 45～60 天后，就可以生产出符合规定的产品。

参考文献

［1］罗岳雄. 中蜂高效饲养技术［M］. 北京：中国农业出版社，2016.

［2］国家畜禽遗传资源委员会组. 中国畜禽遗传资源志 蜜蜂志［M］. 北京：中国农业出版社，2011.

［3］曾志将. 蜜蜂生物学［M］. 北京：中国农业出版社，2007.

［4］梁勤，陈大福. 蜜蜂病害与敌害防治［M］. 北京：金盾出版社，2006.

［5］冯永谦，刘进祖，李凤玉. 养蜂技术［M］. 哈尔滨：东北林业大学出版社，2006.

［6］胡福良，陈黎红. 蜜蜂高效养殖 7 日通［M］. 北京：中国农业出版社，2004.

［7］陈盛禄. 中国蜜蜂学［M］. 北京：中国农业出版社，2001.

［8］龚一飞，张其康. 蜜蜂分类与进化［M］. 福州：福建科学技术出版社，2000.

［9］陈耀春. 中国蜂业［M］. 北京：农业出版社，1993.

［10］李灿茂，宋绍俊，郑可成，译. 蜜蜂的生活［M］. 上海：上海科学技术出版社，1983.

［11］福建农学院. 养蜂学［M］. 福州：福建科技出版社，1981.